服装高等教育"十二五"部委级规划教材（本科）

创意空间 ■

东华大学服装·艺术设计学院
环境艺术设计系
国际合作交流课程

冯信群　刘晨澍　刘艳伟　编著

CREATIVE SPACE ■

INTERNATIONAL COOPERATION
& EXCHANGE PROGRAM

中国纺织出版社

出版者的话

　　《国家中长期教育改革和发展规划纲要》中提出"全面提高高等教育质量"、"提高人才培养质量"。教育[2007]1号文件"关于实施高等学校本科教学质量与教学改革工程的意见"中，明确了"继续推进国家精品课程建设"、"积极推进网络教育资源开发和共享平台建设，建设面向全国高校的精品课程和立体化教材的数字化资源中心"，对高等教育教材的质量和立体化模式都提出了更高、更具体的要求。

　　"着力培养信念执著、品德优良、知识丰富、本领过硬的高素质专门人才和拔尖创新人才"，已成为当今本科教育的主题。教材建设作为教学的重要组成部分，如何适应新形势下我国教学改革要求，配合教育部"卓越工程师教育培养计划"的实施，满足应用型人才培养的需要，在人才培养中发挥作用，成为院校和出版人共同努力的目标。中国纺织服装教育协会协同中国纺织出版社，认真组织制订"十二五"部委级教材规划，组织专家对各院校上报的"十二五"规划教材选题进行认真评选，力求使教材出版与教学改革和课程建设发展相适应，充分体现教材的适用性、科学性、系统性和新颖性，使教材内容具有以下三个特点：

　　（1）围绕一个核心——育人目标。根据教育规律和课程设置特点，从提高学生分析问题、解决问题的能力入手，教材附有课程设置指导，并于章首介绍本章知识点、重点、难点及专业技能，增加相关学科的最新研究理论、研究热点或历史背景，章后附形式多样的思考题等，提高教材的可读性，增加学生学习兴趣和自学能力，提升学生科技素养和人文素养。

（2）突出一个环节——实践环节。教材出版突出应用性学科的特点，注重理论与生产实践的结合，有针对性地设置教材内容，增加实践、实验内容，并通过多媒体等形式，直观反映生产实践的最新成果。

（3）实现一个立体——开发立体化教材体系。充分利用现代教育技术手段，构建数字教育资源平台，开发教学课件、音像制品、素材库、试题库等多种立体化的配套教材，以直观的形式和丰富的表达充分展现教学内容。

教材出版是教育发展中的重要组成部分，为出版高质量的教材，出版社严格甄选作者，组织专家评审，并对出版全过程进行跟踪，及时了解教材编写进度、编写质量，力求做到作者权威、编辑专业、审读严格、精品出版。我们愿与院校一起，共同探讨、完善教材出版，不断推出精品教材，以适应我国高等教育的发展要求。

中国纺织出版社
教材出版中心

前　言

■ 我们一般所说的设计，即狭义的设计，始于工业革命，是指对工业产品的创意及其实现过程的安排。由于当代工业产品的外延有所扩大，因此设计也可以被视做对生活方式的创意及其实现过程的安排。从历史角度来说，当代设计是工业革命的一个果实，全球化也是工业革命的一个果实，现当代设计在全球化的环境中被实践、被关注、被讨论。现当代设计早已跳出传统手工艺的藩篱，不受地域、国家和族群的束缚。设计是多元化的，在各种文化的碰撞、交汇、融合中发展。所以，有关设计的一切教育活动，也应该是国际化的。

■ 15年来，东华大学服装•艺术设计学院在其教学实践中，特别重视国际的交流和合作，并先后与美国、英国、法国、意大利、荷兰、澳大利亚、日本、韩国、芬兰、瑞士和中国香港等12个国家和地区的32所著名设计院校（如伦敦时装学院、欧洲设计学院和纽约时装学院）建立了密切而务实的交流，开展了包括本科学历教育、研究生学历教育及课程合作等各种形式的合作，所涵盖的专业包括环境艺术设计、视觉传达、园林设计、室内设计、纺织品设计、服装设计和工业设计等，几乎包括整个设计领域。其中与日本文化服装学院合作开办的"中日合作"办学模式更是具有开创性的意义，因此在2011年获得"上海市示范性中外合作办学项目"的殊荣。

■ 东华校园里因此活跃着来自世界各地的设计专业师生，我们本校师生的身影也出没于异域的校园里。地域和文化的差异没有降低大家的热情，观念的碰撞则催生了更大的动力和更多的灵感。这套国际合作的课程和教材就是以上交流的成果。希望这种交流合作能够得到持续和扩展，并希望不断有新的成果产生。

东华大学服装·艺术设计学院博士生导师
包铭新 教授

PREFACE

- Design as we commonly referred to, or design in its narrow sense, originated from Industrial Revolution. It is the ideation of industrial products and the arrangement during the realization of it. However, with the expansion of the scope of contemporary industrial products, design can be viewed as the ideation of lifestyle and the arrangement during the realization of it. From a historical perspective, contemporary design is the result of Industrial Revolution. Globalization is also the result of Industrial Revolution. Modern and contemporary design is practiced, probed and discussed in the context of globalization. Modern and contemporary design has long broken the barrier of traditional arts and crafts. It is no longer bonded by regional, national and racial trammel. Design is multiple faceted and developed through the collision and fusion of different cultures. Therefore, all educational activities related to design should be international.

- Since 1997, Art Design Institute of Donghua University has made great effort in international communication and cooperation in education and research. We build close relationship and various academic exchange projects of bachelor and master degree with 32 renowned design institutes (for instance, London College of Fashion, European Institute of Design and Fashion Institute of Technology from New York) from 12 countries and regions including USA, UK, France, Italy, the Netherlands, Australia, Japan, Korea,

Finland, Switzerland and Hong Kong. The involved majors include: environmental design, visual communication, landscape design, interior design, textile design, fashion design and industrial design. The cooperation with Bunka Fashion College from Japan sets a milestone for "Sino-Japan cooperation in running schools" and is honored as the "2011 Shanghai Exemplary Project of Sino-foreign Cooperation in Running Schools".

■ Nowadays on the campus of Donghua University, you can see many design teachers and students from around the world. Meanwhile, faculty and students from Donghua University can be found on many overseas campuses. Differences among regions and cultures have not weakened the passion for design. On the contrary, the conflicts in ideas become inspiration for innovation. This series of courses and teaching materials are the result of multi-cultural communications. We hope this kind of exchange and cooperation will last, expand, and result in more achievements.

Professor Bao Mingxin

Doctoral tutor
Fashion · Art Design Institute
Donghua University

目　录
Contents

绪　论

论国际合作课程教学体系的构建

THE RESEARCH ON INTERNATIONAL
COOPERATION PROGRAM OF
TEACHING SYSTEM

■ 国际化已成为当前国际教育发展的热点。目前，在艺术设计类高校国际交流合作日益加强的形势下，出现了诸多以"空间设计"为主题的课程设置。近年来，上海市多所部属院校积极参加与空间设计相关的国际交流活动，因此，对高等院校空间设计专业国际合作课程进行教学体系的构建是十分必要的。本文在大量探索课程实践案例分析的基础上，总结了这门课程构建的阶段性成果，并对目前的现状提出了有效的建议和课程构建原则。同时，也为其他艺术类相关课程的开设提供借鉴和启发。

The internationalization of education has been a popular topic in the development of education all over the world. Currently, art and design universities strengthen international communication and cooperation. In such situation, many courses related to space design has turned up. In recent years, A lot of universities in Shanghai have participated in this educational activity, therefore, it is essential to research the international cooperative and communicative course. According to the present situation, the author has summarized a part of achievement which is based on a large number of case study in the process of course practice, and he has put forward effective suggestion and constructive principle. In addition, the author hoped that these suggestion and principle could provide reference and inspiration for the development of other related art and design courses.

一、引言

　　21世纪的教育是国际化的教育，国际师生的流动、跨国科研项目的合作等国际化教育形式使我国高等教育发展面临挑战与机遇。从教育国际化的发展趋势中，我们必须认识到，中国高校只有加强与世界各国高校的交流与合作，才能很好地利用国际教育资源，并在我国教育发展过程中发挥重要作用。

　　本书以大量课程实践为参考，探讨了在艺术设计方面高校国际交流与合作日益加强的形势下，空间设计国际合作课程（以下简称"课程"）教学体系的构建问题，针对课程案例进行梳理和分析，总结成功的经验，并剖析存在的问题，提出可行性强的构建体系和相关建议。

二、课程的培养目标与构建方式

（一）课程的培养目标

　　确定课程的培养目标是一门课程开展、设置、组织和编排的先决条件。根据课程实践案例信息以及围绕案例展开的大量分析与论证，笔者从中提炼和总结出适合课程发展的核心目标系统，即课程的培养目标，见下图。

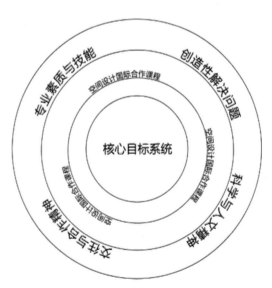

核心目标系统示意图

专业素质与技能是指具备环境艺术设计专业所必须的专业理论知识及专业技能。

创造性解决问题是指根据具体问题，运用创新观念和思维分析问题、解决问题的能力。

交往与合作精神是指具备良好的团队合作精神以及人际交往的能力。

科学与人文精神是指具备科学的方法和积极的求知态度。

与目前艺术类高校专业课程设置不同的是，创意课程不仅是单纯地以培养学生专业素养和技能为基础目标，还包括培养创造性思维、团队合作精神以及科学精神、人文精神在内的综合性目标。

（二）课程的构建方法

新的培养目标必然要求探索一种构建课程体系的新方法和新路线。根据课程案例的启示，其体系的构建遵循以下方法。

1. 过程式

从课程案例的分析与比较中，我们可以看出这门课程与平日的专业课程相比有着很多优点。根据建构主义理论与人本主义心理学原理，在学生参与课程实践的过程中，课程采用"过程式"地整合学科内容的方式，可以更多地激发学生的创造潜能，利用创新型思维解决具体问题，并发挥小组协作的优势，实现创新教学。

根据课程的培养目标，合作课程主张学生自主学习往往包含一个完整的实践过程。多次课程实践已经验证了"重结果，更要重过程"的教学观念，并挖掘了中外学生产生"重结果"和"重过程"的深层原因。可见，"过程式"学习是合作课程的重要特点之一，对我国艺术设计教育来讲，也是需要改革的重点。

2. 开放互动式

从教学实践中可以看出，课程呈现全方位的开放性，即课程地点的开放和主体的开放。课程地点呈现开放式的状态，除规定集体上课外，学生可根据需要和意愿选择课程的地点。课程主体的开放，即课程主体（学生）与主导（导师）的互动、讨论与交流，可实现师生之间、生生之间、校内校外的积极互动。

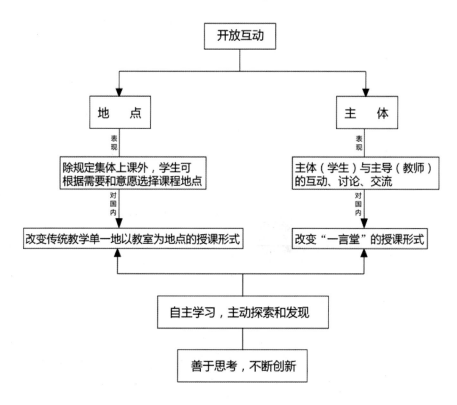

合作课程呈现"开放互动"的特点

　　相对于国内教学，国际合作课程采用以引导和讨论为核心的开放互动方式。通过课程讲解、作业指导、作品分析、小组讨论等多种方式灵活进行，改变了传统教学中老师"一言堂"的授课方式，提倡学生自主学习，主动探索和发现，鼓励学生善于思考，不断创新。

　　3. 整合式
　　从课程自身的特点可以看出，它具有一定的"整合"意义。这里的整合包含了两方面的内容：一是学科的整合；二是主体的整合。课程的组织与设置不再局限于某一特定学科专业范畴，而是逐渐向跨学科的综合方向发展，这就是学科的整合。对于课程主体的整合，主要通过小组合作来体现。其目标：一是使学生通过相互协作解决实际问题，实现知识的综合与创新；二是培养学生相互尊重和帮助、培养其社会责任与义务感。

因此，艺术设计的教育重心应该从"以学科为中心"转向"跨学科综合"的方向，使学生从运用单一知识解决问题转向综合运用多学科知识解决实际问题。目前，我国的环境艺术设计专业课程包括多方面内容，这些专业课程的设置体现出一个弊端——科目分割过细，课程之间缺乏关联性。这也是我国环境艺术设计专业需要进行改革的地方，在专业课程设置方面，应软化各课程门类的边界，用系统的观点实现知识的整合，拓展学生知识面。

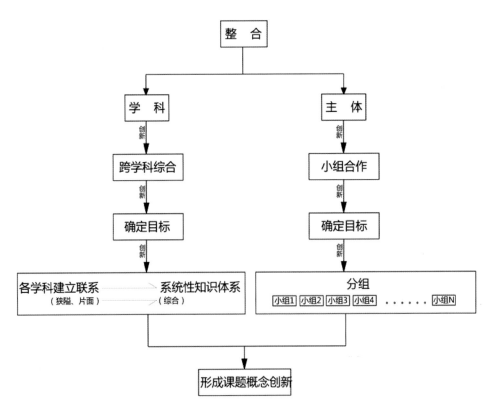

跨学科小组合作模式

4. 网络式

现代教育技术在教育领域中的作用越来越重要，其应用越来越普遍，改变传统课堂交流方式有助于提高教学成效。从相关课程实践中可以看出，网络课堂的构建是十分必要的，也成为课程构建的特点之一。

网络课堂具有教学时空分离、媒介交互传递和思维扩展发散的特点，对空间设计合作课程具有重要的辅助教学的意义。从某种意义讲，它是双方师生的第二课堂。通过网络课堂的讨论和交流，学生可以自由上传阶段性作业，并广泛吸取建议，养成自主学习能力和发散性思维方式；老师可以对个别和整体学生分别进行引导，对学生作业给予及时的评价和反馈，推动学生自主学习的顺利开展。

■ 三、课程的结构体系

（一）关于课程结构的理解

根据科学的教育观点，所谓课程结构，是指各门课程之间组合和关联的整体以及各部分之间组织、排列、联系的具体方法，它的目的是根据课程培养目标设计课程类别和实现课程的整体优化。

艺术设计学科的课程结构具有专业性、时代性、探索性和主体性的特点。据此，合作课程形成了以授课计划为轴线的课程结构，主要包括授课计划、核心课程、学科课程和综合课程，见下图。

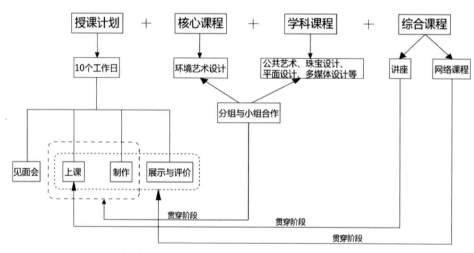

高校空间设计国际合作课程的类别与结构

（二）高校空间设计国际合作课程体系构建

综上所述，对课程的设置方法做了较为详细的说明，在此尝试借助图表，以授课计划10个工作日为例，模拟一次创意课程的设置情形。

先有这样一张大图，如下页图所示，主体是一个由三维交叉形成的坐标系统，系统中坐标原点为"课程汇集点"。所谓"课程汇集点"，是指建立国际合作课程关系中一方到达另一方，双方形成统一主体的时间点。横轴上经分析排列出课程所经历的教学时段，纵轴上列出总体课程目标，第三轴上则列出每个教学时段的详细目标。

合作课程开设前要经历多重准备阶段。第一阶段是课程合作双方建立初步联系、双方互通的阶段。第二阶段是课程的筹划阶段，双方主要通过通话或发送E-mail共同制订和传达课程目的、宗旨、概要和计划等方面的内容。

当合作双方主体汇集到同一时间和空间的时候，预示着这门课程前期准备阶段已经完成，并正式进入开展阶段。根据多维度课程目标，并按照具体的教学计划和内容，将课程按照四重教学阶段进行，分别为见面会、集中上课、作业制作、成果及评价。四个阶段所用的时间分段比例控制在1：4：4：1的关系范围中，从中也可以很直观地反映出构建原则中所遵循的"化结果为过程"原则。

■ 四、课程的评定及方法

课程评定不但可以提高课程质量，其自身也是课程教学体系构建中不可缺少的一个方面。结合高校空间设计国际合作课程的实践案例以及创新理论与创新教育理论、建构主义理论与人本主义心理学、活动教学理论的观点，课程需树立以下评定观。

（一）教、学、评三位一体的评定观

课程是一个开放的"过程式"教学体系，因此，对课程的评定不能只参照最终的结果，而要将过程作为重点评价的一部分。因此。我们要构建的是以学习为中心的教、学、评三位一体的动态评定观。在这种评定观的提倡下，课程评定不仅是"验证与鉴别"，还加入了"引导与建议、补充与反馈"，与教学完整地构成课程的教学体系。

（二）多元化的评定观

课程应结合多元化评定观，对其给予综合且客观的评价。多元化评定观的内涵包括评定主体、评定目标和评定方式的多元化。课程要构建以课程目标为核心、针对不同学生给予多方面多元化的综合评定观，从而打破国内传统教学中教师评定的单一化，防止出现片面、狭隘的评定观。在提高课程质量的同时，还保证了课程评定的科学性和公正性。

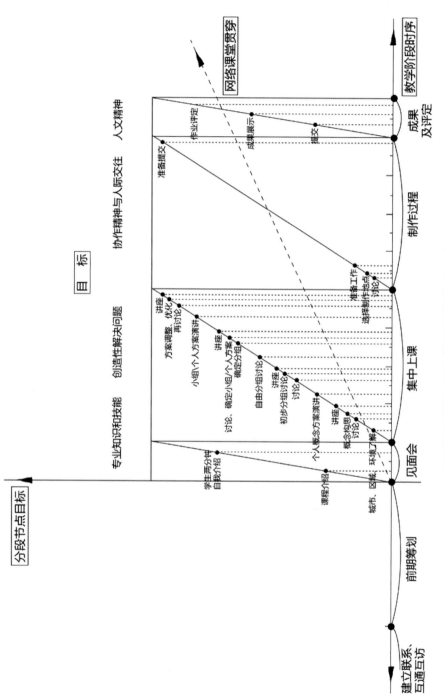

空间设计国际合作课程教学体系示意图

（三）以个人发展为参照的评定观

以个人发展为参照的评定观是一种发展性评定观，是与建构主义理论相一致的评定观。既然是注重"发展"，也就是要注重"过程"，即注重学生在学习过程中的表现，充分挖掘学生的资质和潜能，在此基础上树立学习的信心和动力。在发展性评定观中，我们要摒弃评价机制中不好的一面，例如要放弃强调排名、强调竞争的评定观。它应包括学生的自我评价。因此，在这一评定观中，评价的重点不再是价值、结果，而是理解、思考与创造。

（四）高校空间设计国际合作课程体系下的评定方法

目前，结合合作课程提倡"开放式"和"过程式"的课程体系，通过对国外教育领域中一些新型评定方法的理解与分析，教师们发现档案袋评定方法（portfolio assessment）能够适合艺术设计学科的特点，将来有可能为课程体系的评定方法提供参考和思路。

所谓档案袋评定，就是一次全过程的记录，学生对档案袋的整理可根据学习的阶段进行。课程分为见面会、集中上课、作业制作及展示与评定四个重要阶段；在作业制作阶段又分为概念方案设计阶段、中期方案设计阶段、成果展示阶段等。具体到概念方案阶段的档案袋整理来讲，学生可根据教学阶段计划和要求、设计说明、调查报告、概念草图、自拍的照片、图片、寻找的材料或实物、演讲的情况、导师评价、学生评价及自我评价分步骤进行详尽整理。而教师也可根据概念方案阶段的档案袋资料对学生作业情况进行及时建议、引导、评价和反馈。这种方法有利于师生间的相互交流，有利于学生获得综合、全面、客观的评定，有利于学生查漏补缺，及时反思和发现问题，有利于使无形的评定变为有资料和实物等有依据可循的评定，使课程形成系统的评价机制。

总之，档案袋评定方法是一次系统的"过程式"记录，它可以根据合作课程的核心目标制订评定标准，这是与前文所述课程的内在要求和目标宗旨是一致的。

■ 五、结论

根据课程构建的阶段性成果可归纳出以下三个方面的结论。

（一）构建原则

1. 化结果为过程原则

课程之所以强调"过程式"学习，是因为这门课程的实现是一个发展的过程，是课程自身性质所决定的。就目前来讲，虽然课程的发展存在着某些不确定性和多方向发展的可能，在"过程式"的学习中，应该随时体验，随时收获。

2. 化封闭稳定为开放互动原则

课程要遵循以引导和讨论为核心的开放互动原则，学生在自主学习的基础上培养讨论和交流的能力，是实现课程核心目标的重要途径之一。导师可以根据课程目标和性质，采用同质分组、异质分组等小组形式，组织小组讨论、个人学习、全班活动相结合的课程教学。

3. 化单一为综合原则

课程的重心主张从"以学科为中心"转向"跨学科综合"，使学生从运用单一知识解决问题转向综合运用多学科知识解决实际问题。它的优势是不但可以帮助学生形成全面且系统的知识体系，避免形成狭隘或片面的观点，还可以使学生在跨学科整合的基础上，实现思维的创新。

4. 化传统交流方式为信息科技手段的原则

课程的前瞻性是需要一定先进的信息科技手段作为辅助而实现的。从实践中可以看出，网络课堂的构建是十分必要的。网络课堂是一种先进的教学模式，可以使师生充分利用互联网的信息和资源，为师生提供了信息公布、方案讨论、随时交流、资源共享等多种形式和内容的空间。

（二）解决方法

1. 硬件条件的完备

从课程的实践情况可以看出，这门课程具有一定的持续性。因此，在课程持续开展的情况下，对课程的硬件条件就需要更加完善的准备和全面的提供。例如，课程是否需要提供学生做模型的专业教室、课程是否需要提供成套的摄像器材及投影器材等。

2. 语言交流

课程从见面到讨论、从个人演讲到分组、从制作到成果展示，每个阶段无不需要语言交流和沟通。从目前情况看，语言成为课程双方学生和导师交流的无形障碍。因此，如何有效加强英语教学成为课程构建和发展的重点问题之一。

（三）未来方式探索

1. 多方合作式

未来课程的合作不仅局限于国际双方，也可以采用多方共同合作的形式。这需要在诸多高校对这门课程的大量实践，并总结足够经验的基础上进行，是需要不断巩固的过程。

2. 论坛式

网络化是这门课程未来发展的趋向之一，因此，未来课程可能更加需要网络课堂的构建。例如，设立论坛教学可能成为第二课堂的核心教学模式，即论坛管理者建立论坛后，导师可以提出论题，学生采用跟帖的方式讨论。

城市实验室——迷你建筑

CITY LABORATORY: MINI ARCHITECTURE

互动创意

2007.11.12   2007.11.21

■ Environmental Art Design Department at Fashion · Art Design Institute of Donghua University organized an international collaborative course in Shanghai with City Laboratory of Williem de Kooning Academy, Rotterdam University from the Netherlands during the period from November 12th to 22nd, 2007. The theme of the course is "City Laboratory- Mini Architecture".

■ The course had three main steps: Firstly, there was a speech to introduce the project; then, students started to design the "mini architecture"; finally, students built their real "mini architecture" in an old factory. Teachers from both countries guided students through the whole process.

课程合作日期： 2007年11月12~22日

课程合作名称： 城市实验室——迷你建筑

课程相关活动： 1. "城市实验室"主题讲座
2. "迷你建筑"搭建设计方案讨论
3. "老场坊"迷你建筑现场搭建

课程授课课时： 64课时

课程合作单位： （中方）东华大学服装•艺术设计学院环境艺术设计系
（荷方）鹿特丹大学德库宁学院城市实验室

课程合作导师： （中方）冯信群、朱瑾、刘晨澍
（荷方）麦柯•马格（Maik Mager）、伊菲•凡斯塔（Aoife Fansta）

课程合作学生： （中方）东华大学服装•艺术设计学院环境艺术设计系研究生及本科生
（荷方）鹿特丹大学德库宁学院本科生

位于展厅入口处的课程合作师生介绍

概要和内容   Abstract

　　在学院不断扩展国际教学合作交流的良好形势下，环境艺术设计系于2007年11月12~22日与鹿特丹大学德库宁学院城市实验室进行了题为"城市实验室——迷你建筑"设计方案的课题合作。期间，荷方导师麦柯·马格、伊菲·凡斯塔举办了题为"迷你建筑"的专业讲座。活动后期，双方在现场进行了课程的重要环节——互动创意设计课程。

课程实践　　　　　　　　　Practice

"见面"与讨论　　　　　　　Discussion

　　由于时间原因，此次课程缩短了双方"见面"的时间，在前期阶段，重点工作在于对方案的反复推敲和讨论。导师在此过程中对学生的设想进行了引导和建议。

　　方案阶段，双方师生注重构思，对方案进行反复推敲与讨论。此过程中，学生以勾画草图为主要表达方式，深入沟通后，小组快速地完成了模型制作，体现了双方良好的协作关系。

　　为了寻求更合理的解决方案，双方师生不懈努力，不断探索和创新，共同讨论，共同商议和勾画草图。虽然有时令人绞尽脑汁，但依然是个愉快而融洽的探索创新的经历。

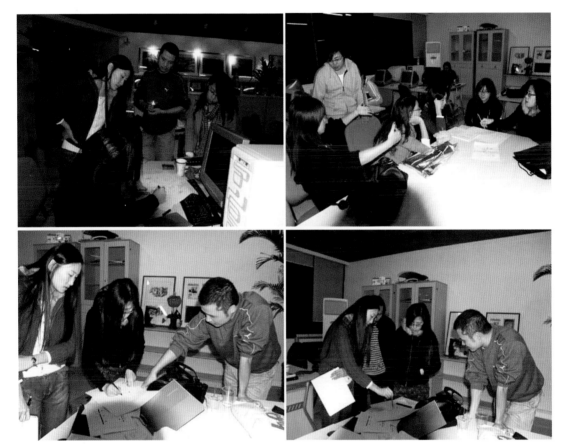

　　教师与学生互为课程活动的主体。构思阶段，课程注重学生的创意和构思，同时，教师的引导与建议也是不容忽视的关键步骤。

讨论与深化   Deep Discussion

方案深化阶段，双方师生积极合作，互通有无，互相展示了良好的合作精神和设计创意，为建立起双方团结互助的友好合作打下了坚实、互信的基础。

深化阶段，双方建立了和谐融洽的讨论与探索气氛，积极寻找各种解决矛盾空间的方法与途径，为下一步现场制作奠定了良好的实践基础。图中是双方在深化阶段制作模型的过程，表现出积极交流、共同探讨的合作意识。

　　现场制作是加强学生动手与实践能力的阶段。此过程中，会存在与设计方案相左或预料之外的情况发生，双方学生在面对这些突发状况时表现了较好的应变能力。

　　较短时间内，小组形成紧张有序又轻松愉悦的工作状态。双方师生工作的时候认真严谨，课余时间放松畅谈，在循序渐进的过程中体会课程的快乐。

　　22日，是课程的汇报与展览阶段。从构思到概念模型，再到最终的现场制作和搭建，双方师生遵循相互合作、共同创新的原则，运用空间、材料、色彩、灯光等多种表达手法进行尝试，为课程增添了创新性、探索性和趣味性。

　　历经10个工作日，双方于22日下午迎来了展览开幕式。从方案构思到概念模型，直至现场制作和搭建，双方终于在开幕式当天交上了一份满意的答卷。

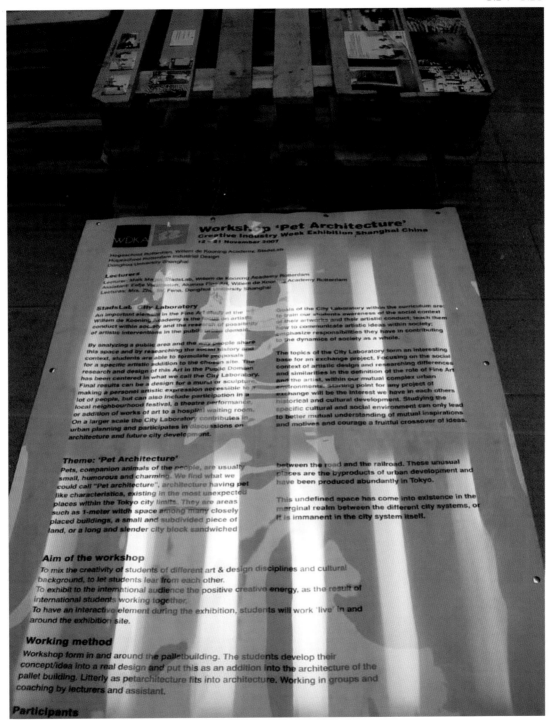

关于课程介绍的海报（包括课程目标、内容、方法和意义等）采用独特的方式平放于展厅入口，配上巧妙的灯光组合，并运用重复和延伸的手法引导空间，体现了双方师生的创意和细致入微。

　　等比的模型制作是后期服务现场的关键，它有利于双方对空间的细致推敲，也有利于对将来现场出现的隐患与难题进行预先判断，并提出相关解决方案和措施，体现了小组认真、严谨、有序的工作状态。

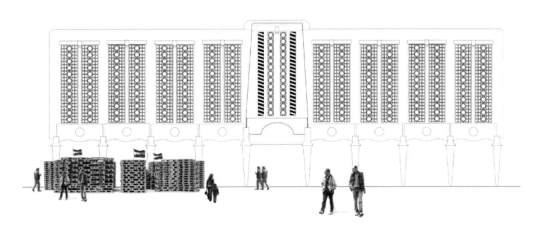

　　进行现场制作与搭建之前，师生通过实物模型结合电脑绘制的方式对现场制作情况进行初步模拟，对作品空间结合展厅状况进行综合比例分析，为后期实践做好充分的准备。

　　小组注重空间动线的组织与连贯，这一点在前期模型制作阶段已有较深入的探讨和研究。实践中，小组根据现场情况对模型进行准确还原。

　　小组采用交错与交织的手法构成看似繁杂多变的空间，试图在这样的空间中寻找潜在的规律和秩序，通过将不同的材料组织与结合，建立新的空间联系。

　　小组对平面与立体的空间关系进行了有趣的研究与组合。创作通过材质和面积的对比表达空间的秩序和稳定；将不同大小的镜面加入设计中，形成空间的多视角与趣味性。作品通过反射的镜面与粗糙的木材、点与线、虚与实的对比与结合形成立体的多维空间。

　　不规则的个体或许能够通过某种组合方法形成个性空间，也可以通过某种规律赋予空间多变的性格，令看似秩序整齐的空间出现了颇有意味的一隅景象，为环境带来了变幻和惊喜。

再生建筑

RENEW ABLE
ARCH ITECTURE

"再生建筑"课题进行时
RENEWABLE ARCHITECTURE
Craft Space
Meeting Place
A collaboration between the Willem de Kooning Academy,
Hogeschool Rotterdam, The Netherlands and the
Donghua University Shanghai, China.
On top of the roof of the Dutch pavilion
Workshop
工作室
Design and create prefab elements
that can be put together into a temporary meeting space
The final form and functionality will depend on the overall
atmosphere of the environment and the possibilities offered
by the location the surrounding urban structures and the view
东华大学服装·艺术设计学院
Shanghai International
Creative Industry Week 2008
Fashion & Art Design Institute, Donghua University
东华—德库宁国际设计中心
Willem de Kooning Academy
Rotterdam University
荷兰鹿特丹大学威廉德库宁设计学院
WDKA
DHU-De Kooning International Design Center

■ The course "Renewable Architecture" was held collaboratively by Environmental Art Design Department at Fashion · Art Design Institute of Donghua University and City Laboratory of Williem de Kooning Academy, Rotterdam University from the Netherlands during the period from October 8th to 21st, 2008.

■ Students from both countries were asked to design the structure, visual effects and function of the project together in a temporary space. They were requested to apply the rule of "Reusable" and "Sustainable" when dealing with both material and space.

课程合作日期： 2008年10月8~21日

课程合作名称： 再生建筑

课程授课课时： 84课时

课程合作单位： （中方）东华大学服装•艺术设计学院环境艺术设计系
（荷方）鹿特丹大学德库宁学院城市实验室

课程合作导师： （中方）冯信群、刘晨澍、朱瑾
（荷方）麦柯•马格（Maik Mager）

课程合作学生： （中方）东华大学服装•艺术设计学院环境艺术设计系研究生及本
科生沈炯、孙传菲、赵金、石朝林
（荷方）鹿特丹大学德库宁学院本科生诺尔（Noel Deelen）、纽
克（Anouk Voogt）、迪果（Digo Kruijsse）、丹尼斯
（Dennis Vedder）

内容和目的　　　　　　　Abstract and Purpose

　　围绕课题进行合作设计，使用限定材料制作基材并组合搭建临时空间，最终效果与功能取决于地理位置和周边环境，包括相邻建筑的结构和外观。

　　中外学生将在临时设置的空间内，共同对作品结构、视觉效果和功能进行设计创作。尝试从"再利用"和"持久性"角度出发研究材料，表达空间，进而对材料的新用途进行发掘和利用，给空间以新的诠释。

课程实践　　　　　　　　Practice

分组与构思　　　　　Grouping and Conception

　　集体合作中，分工是必不可少的部分，双方学生最终分为结构（Structure）和装饰（Detail）两组，分头行动，各司其职。结构组成员的任务是划分整体空间布局，确定人流动线以及考虑结构与构造；装饰组成员的任务是在结构组的基础上给予装饰与美化等一些设计细节的处理。

　　在最初方案中，考虑空间分隔，课程要求先以个人为单位进行方案设计，再从每一个方案中抽取适合整体的元素进行组合与创新，思考如何对游览者的视线进行引导与分割。

　　分组后，小组成员对方案进行讨论交流，积极勾画草图，并与老师及时沟通。方案构思的重点在于如何借助现有场地和条件对游览者进行空间的引导与分割。

在l400多平方米的现场，在材料条件有限的情况下，双方学生要尽可能对空间进行分割，同时利用光影制造丰富的视觉效果，从而弥补现有条件的诸多不足。此外，要求学生充分围绕设计主题，对作品的材料和质感进行认真考究的选择和设计。

最终确定整个空间由六部分组成，并将其命名为：人生双曲线（Tunnel）、空气袋（Air bags）、休闲吧（Bar）、桥（Bridge）、金属盘（Metal plate）、报纸椅/KT桌（Newspaper chair/KT table）。

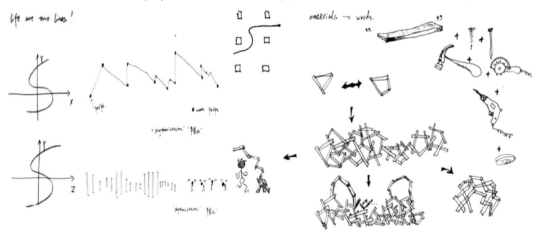

"人生双曲线"部分的草图绘制阶段，小组试图借助生命体的演变表达高低起伏的生命历程。不同的演变方式决定了阶段历程的变化与构成。

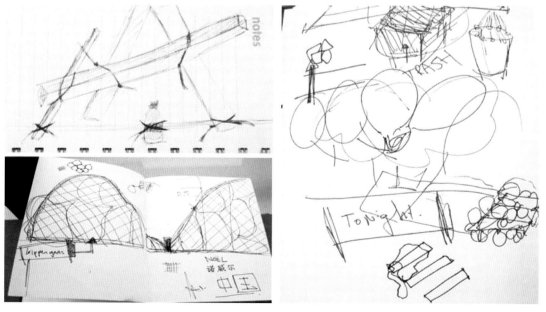

"空气袋"部分的草图绘制阶段，小组思考如何运用无形表达有形的空间概念，是一次很有意义的尝试。创作的难点在于如何在无形空间中表现生命和动力。

第一组：人生双曲线

　　作品的空间构成来源于个体生命在自然界的第一个空间——母体。选择这个空间的原因是因为作品被安排在整个展区的入口，从某种意义上讲正好契合了入口概念化的需求。从表现形式上来说，将空间做成通道，是因为其构想是将人生比做一条双曲线。从表现手法上来讲，选择用废弃市条来搭建一个建筑隧道，布满暗钉的市条象征生命旅途中那些不期而遇的坎坷；疏密相间的市条搭配暗示着人们在成长过程中心灵的开放与封闭；高低错落、参差不齐的搭配象征着人生的高潮与低谷。每个人行走方式的不同赋予作品探索人生的含义，在这里将会记录每个人的行走过程。

　　小组成员：沈炯、孙传菲、赵金、石朝林

　　"人生双曲线"小组现场工作照。将现场废弃的木条进行收集和筛选，通过组合装订后建立连续空间。小组在积极的制作过程中，建立了良好的协作与互动关系。

　　"人生双曲线"初步搭建完成。根据现有条件，小组进行反复讨论，并逐渐在凌乱的空间中寻找连续和起伏的关联秩序，以建立"双曲线"的连贯性。如何运用单一的材料活跃空间是小组创作过程中思考的重要问题之一。

　　在展区入口构思了以"母体"为题的概念设计，喻意个体生命在自然界的第一个空间。用废弃的市条将空间隧道比喻成人生双曲线，并记录每个人从这里经过的脚印。

　　小组经过多次讨论和调整，"人生双曲线"终于搭建成功。小组以游览者的经历和感受为发生条件，人行于其中时，使其与作品产生空间的互动，并记录每一个人从这里经过的脚印。

第二组：空气袋

　　空气是无形、无边界的，把空气作为整个设计的一部分，与其他小组的作品形成鲜明对比，又不失关联。使用的材料不同于一般的市材、金属、泡沫板等静态材料，而是利用300多个垃圾袋作为介质和发生条件，与整个空间产生互动。作品整体形态仿佛从墙体徐徐爬下慢慢行动的生物，在寻找前行的方向，力图与整个建筑环境进行对话。

　　小组成员：诺尔

这是一次有趣的尝试和经历，将300多个垃圾袋中装满空气，并通过叠加和延伸使其与建筑缓慢接触，将"无形"运用到"有形"，意喻着生命的产生与降临。

作品运用无形的气体，给人以神秘感和想象空间。空气的动感为作品增添了生命和动力，似乎一个体积庞大的生物与建筑空间进行着对话。

　　作品空气袋的制作过程充满挑战与变幻。如何减少袋中气体的流失速度，如何将充满气体的软性介质进行固定，如何更真实地实现作品与建筑的对话 …… 这些疑问在一定限度上增加了设计与制作的难度。

　　将个体空间进行复制便得到了具有一定体量感的整体。充气垃圾袋在整体空间的推动下产生晃动与不安，这恰恰赋予空间生命和灵动。

第三组：休闲吧

　　一个大型的类似雕塑品的市制休闲吧陈列于整个展区的中心位置，在基本结构搭建的基础上，用破损废弃的市料进行外扩与叠加，这种形态的雕塑品是以线性形态作为单位有序地组织成各种形态并形成整体空间。同时，捆绑许多饮料瓶以突出"吧"的概念，观者可以随意饮用，并参与其中，与此产生奇妙的关联与互动。

　　小组成员：迪果

　　用废木条组合、搭建"休闲吧"的空间，并结合废弃的饮料瓶制作概念装置。创作的难点在于如何将二者建立联系以及在设计元素不断重复和扩张的形势下，制作时如何实现装置的空间稳定。

废弃的市料以线性形态有序地叠加和外扩，形成概念空间。废弃的饮料瓶代表了休闲空间的特点，唤起人们的参与和互动。

　　装置以"休闲吧"为主题，似乎也在向外界传达一种闲逸慵懒的生活。饮料瓶的运用起到了点缀和活跃空间的作用，也透露着休闲的情趣。

　　各种饮料瓶通过就地取材被用做设计表达的主要元素之一，通过塑料软管使饮料瓶与废弃木条建立联系，并使两者在方向组织和倾斜角度上保持一致。

　　最终，在全体师生的共同努力下，一个看似单调的现场变成了带有设计感的展示和体验空间。根据课程要求，学生们真正做到了"就地取材"，从楼下和周围捡来废品材料，KT板、钢板、市条等，并一批批地搬来，根据各小组的工作区域进行堆放和搭建。全体师生精妙的构思和制作是此次课程顺利进行、成功展览、圆满结束的关键所在。

　　历经十余天，在各小组的共同努力下，一个看似单调的现场焕然一新，变成了设计展示与体验的空间。根据课程要求，小组做到就地取材，在原有基础上实现创新，达到了创意课程的宗旨和目标。

　　展览吸引了中外界内人士的参观访问，对学生的设计成果纷纷表示认可与赞同，对双方建立的良好合作与创新意识给予了很高的评价。全体师生巧妙的构思和细心的制作是此次合作课程圆满结束的关键。

Chapter 3

都市激变
——跨越文化、人体和城市

2009 INTERNATIONAL COLLABORATION : CROSSING CULTURES, BODIES AND CITIES

都市孔隙工作室 | 设计吧

e-scape 数码城市

POROSITY STUDIO | COLLABOR8

RADICAL TRANSFORMATIONS: CROSSING CULTURES, BODIES AND CITIES

激变：跨越文化，人体和城市

■ "2009 International Collaboration :Crossing Cultures, Bodies and cities" is an international cooperation course held jointly by Environmental Art Design Department at Fashion · Art Design Institute of Donghua University and College of Fine Arts, the University of New South Wales from Australia. Students were divided into different teams to do the work. The course covers these subjects: architecture, landscape, urban planning, public art, etc. At the final presentation stage, students were required to show the structural relationship between urban public space and private space.

■ The special part of this course is that students were encouraged to make full use of the network platform.

课程合作日期： 2009年9月14~25日

课程合作名称： 都市激变——跨越文化、人体和城市

课程授课课时： 80课时

课程合作单位： （中方）东华大学服装•艺术设计学院环境艺术设计系
（澳方）澳大利亚新南威尔士大学美术学院

课程合作导师： （中方）冯信群、刘晨澍、朱瑾
（澳方）理查德•古德文（Richard Goodwin）、伊恩•麦克阿瑟
（Ian McArthur）、罗斯•鲁德奇•哈利（Ross Rudesch
Harley）

课程合作学生： （中方）东华大学服装•艺术设计学院环境艺术设计系研究生及本
科生
（澳方）澳大利亚新南威尔士大学美术学院研究生及本科生

导师

冯信群
东华大学服装·艺术设计学院环境艺术设计系系主任 教授

刘晨澍
东华大学服装·艺术设计学院环境艺术设计系 副教授

朱　瑾
东华大学服装·艺术设计学院环境艺术设计系 副教授

理查德·古德文
新南威尔士大学美术学院 教授

伊恩·麦克阿瑟
新南威尔士大学美术学院 教师

罗斯·鲁德奇·哈利
新南威尔士大学美术学院 教师

任飞莺
新南威尔士大学美术学院 教师

学生

	李鑫锁		亚历山德罗·冈萨雷斯
	马　林		薛　峰
	闫紫微		路易斯·法罗
	伊娃·塔姆		费　伊
	徐再艺		吴依雯
	安杰拉		安　伯
	贝　丝		伊　凡

学生

	克鲁兹·马丁内斯		靳 烨
	大卫·兰利		基 姆
	李秉函珂		娜塔丽·休斯
	宋昱敏		维罗妮卡
	贝 克		蒋 硕
	贝里露莎		布里安纳
	萨拉·斯拜克曼		萨 拉
	安德鲁·杰兰德		周 武
	杜 辰		埃莉诺·海伦
	卢 克		霍莉·菲利普
	于天正		李毅超

学生

	朱 莉		胡美玲
	孙传菲		葆琳·施雷尔斯
	赖 欣		劳伦·巴特勒
	刘艳伟		卡 莉
	梅莉莎		邓 云

课程概要

艺术与建筑的有机结合是此次课程实践的基础。课程名称为"都市激变——跨越文化、人体和城市"，意为建筑、公共空间、私人空间需要多重空间的渗透与连通，要求学生关注城市建筑和公共空间的关系。

为更好地实现课程合作交流，在双方的共同努力下，成立了第二课程交流平台——设计吧（C8）。2009年，设计吧研究的重点是跨城市、跨文化、跨真实的虚拟城市课题。

设计吧是课程从开始到结束的记录与展现，在网络平台中，甚至可以展现课程结束后澳方学生作品在澳洲国家进行展览的经过与情形和双方学生的相互交流与问候，使他们更能珍惜这次难得的课程经历。

主要内容

（1）课程以小组合作的方式进行，并涉及跨学科领域，含有建筑、景观、城市规划，雕塑、装置等公共艺术以及多种艺术形式，表达城市公共空间与私人空间的结构关系。

（2）为在校学生提供一个潜在的研究课题，开展一项跨学科的实践活动，使学生进一步了解建筑和城市结构的概念和关联。

课程目标

课程希望学生通过探讨，进一步了解城市建筑和公共空间、私人空间的关系，并达到如下目标。

（1）由于教学模式是多学科的实践活动，因此，要求学生重新定义自己的学科性质。

（2）让学生在跨学科学习与交流的条件下，更多地了解建筑、城市规划、公共艺术等学科领域，以便更好地对空间进行研究。

（3）使学生充分理解连接公共空间和私人空间的结构关系，利用这些结构提出一定的解决方法，并得以创新。

（4）理解公共艺术在设计中的作用，尤其在建筑与结构、公共空间与私人空间中的作用。

（5）鼓励学生运用网络平台，充分发挥其作用，与导师共同构建一个跨学科的网络课堂；并让学生利用网络空间进行充分的互动与协作以及在线交流和表达，以发挥创意课程的最大价值。

第一周　POROSITY STUDIO PROGRAM WEEK I

日　期 时　间	星期一 9月14日	星期二 9月15日	星期三 9月16日
9:00～10:00	项目介绍及东华大学欢迎会 Introduction Chinese Welcome	讲座：MAP设计研究中心主讲 Talk:MAP Research+Design+Workshops	学生介绍自己的设想及讨论分组合作Presentation of ideas + Collaboration Conversations
10:00～12:00	学生两分钟自我介绍（可用图像、影像、音乐、文字等） Pecha Kucha Presentations		
12:00～13:00			午餐　Meal Break
13:00～17:00	讲座：探索之旅 主讲人：安·奥尔 Talk: Discovery Tour Anne Warr+Derive	工作室工作 Studio Work	导师评论 Tutors Comment 各小组在工作室工作 Studio Collaboration
17:00～18:00			晚餐　Meal Break
18:00～19:00	欢迎参加工作室 主讲人：理查德·古德文教授 Formal Welcome Talk: Prof. Richard Goodwin	讲座：伊恩·麦克阿瑟 Talk: Ian McArthru	讲座：罗斯·鲁德奇·哈利 Talk: Ross Rudesch Harley

星期四 9月17日	星期五 9月18日	星期六 9月19日	星期日 9月20日
设计公司IDEO到工作室 Workshop：IDEO	工作室工作 Studio Work	自由活动：工作或游戏 Work/Play/Travel	
工作室时间和一些参观访问者到工作室 Studio and Special Visits	小组作品展示及讨论 Group Presentations +Critique		
讲座：麦克·艾森 Talk：Mike Esson	讲座：移动的城市 Talk: Moving Cities		

第二周　　POROSITY STUDIO PROGRAM WEEK 2

日　期　　时　间	星期一 9月21日	星期二 9月22日	星期三 9月23日
9:00～12:00	工作室工作 Studio Work		
12:00～13:00	午餐 Meal Break		
13:00～17:00	工作室工作 Studio Work		
17:00～18:00	晚餐 Meal Break		
18:00～20:00	工作室工作 Studio Work		

星期四 9月24日	星期五 9月25日	星期六 9月26日	星期日 9月27日
	布置展览 Set up Exhibition/Talks		
	作品展示和讨论 Critique/Comments		
	晚会 Party		

　　双方在课程正式开始之前安排了"见面会"，在导师自我介绍之后，双方学生按学校以每十人一组的顺序进行两分钟的自我介绍。自我介绍形式不限，可以用图片、影像、音乐、文字或口述等多种形式；介绍内容也较为宽泛，可以介绍个人基本信息、介绍居住处或生活照片、也可以介绍喜欢的物品、人、作品等。尽可能将自己的喜好和特长展现在大家面前，这是一个刺激思维的过程。

　　"见面会"中，双方师生以每十人为一个单位进行两分钟的自我介绍。这一环节虽然设于课程正式开始之前，但却是个轻松活跃的过程。自我介绍的内容没有严格限定，只需将个人的性格和爱好等在规定时间内表达清楚。

方案介绍   Conception Introdction

　　方案介绍阶段要求学生以个人为单位讲述构思，时间控制在十分钟内。讲述的形式可以是草图、模型或在调研中发现的实物，还可以是一种假设或比喻。

　　此环节是课程的重要环节，为学生提供展现自我的机会，同时，也为双方提供了活跃的气氛，更为学生提供相互讨论与寻求合作的机会。学生可能会寻找与自己概念相似的同学共同交流与合作，也可能放弃自己的概念选择更为感兴趣的方向，还有可能因为对来自不同文化和不同专业的学生感兴趣而寻找合作方向。

　　需要指出的是，课程鼓励学生合作，但不规定必须合作或如何合作，合作只是一种选择。

　　在概念方案中，学生以不同的方式对城市和生活进行接触，并以个人为单位逐一表达构思和设想，时间为10分钟/人。通过方案介绍，双方学生可在相互了解的过程中寻找合作伙伴。从课程安排和设置角度讲，此环节是课程实现合作的第一步。

　　讨论与交流是贯穿课程的主线，也是课程强调"过程"的重要体现。无论是在初步概念阶段、小组合作阶段，还是在方案制作阶段、作业展示与提交阶段，讨论与交流不可或缺。

　　讨论与交流可以发生在学生与学生之间、也可以是导师与学生、导师与导师之间。课程注重对学生创新意识和创新理念的培养，强调自主学习，因此，导师在每个阶段的讨论与交流中，起到的是建议、协助和引导的作用。

　　双方讨论与交流贯穿于课程的每个阶段。在方案期间，讨论与交流主要体现在学生与导师之间。此阶段中，导师主要起到的是辅助和协助的作用。这不同于在国内的专业课程中，导师往往对学生的前期方案起牵动作用。这种差异的出现主要归于课程主体的设置问题。

伴随学生间的深入了解，双方以4~6人为单位进行分组。小组在方案达成一致意见后，再次与导师进行讨论和交流。此过程中，小组会对方案存在诸多不确定，通过与导师的交流和沟通，有利于形成概念方案的完整性和探索性。

　　分组后的讨论与交流主要发生在小组成员之间。为最终实现设计目的，小组成员需相互沟通、共同讨论。这一阶段是小组建立良好合作关系的重要阶段，有利于更好地实现设计创意，进行设计还原，达到预期效果。

讲座与交流　　　　　　　　　　　　　　　　　Lecture

　　课程的另一特点是讲座穿插进行，这也是对学生考勤与评估的构成部分之一。举办讲座，一方面给导师展现自我的机会，可以使学生更进一步地了解导师，并为师生提供了学术交流的平台；另一方面，学生通过对导师的相关研究的理解与分析，可以为个人方案提取灵感和获取帮助。

　　讲座是中澳合作课程设计的亮点之一。它贯穿于课程进展的每次晚课中，主讲人是双方教师或被邀请的界内专家。学生在此过程中可以积极汲取设计源泉，或对讲座内容提出相关问题，以此展开探讨交流。

　　学生对作品制作过程需要进行记录与检查。在这一阶段中，双方学生能够做到自主学习、自主动手、相互沟通、相互交流，体现出较强的合作精神，这也是国际合作课程开展的重要意义所在。

　　在小组方案最终达成一致后，根据合作与分工，正式步入现场制作阶段。如果方案阶段注重的是学生的创新与表达能力，那么，制作阶段则注重学生的合作与实践能力。多方面能力的综合运用，也是合作课程确立的重要目标之一。

提交与展览　　Presentation and Exhibition

　　课程最终以展览的形式提交和汇报。学生可根据表达的主题和内容以及不同的专业特点来确定展览的形式，可以是模型、实物、影像、图片、绘画、行为艺术等，也可是两种或多种形式的结合。

　　经过一周的制作，终于迎来了作品的提交与汇报阶段。课程以展览作为提交与汇报的主要方式，此外，展览开幕与闭幕也是对此次合作课程的重要总结。展览期间，吸引了诸多界内人士的参观访问，进一步扩大了此次合作课程的影响。

路边摊　　Roadside Stalls

　　运用简单的材料表现城市生活中最朴实
的场景——路边摊。展览结合照片形成围合
空间，1:1的实物模型，给人以真实感。

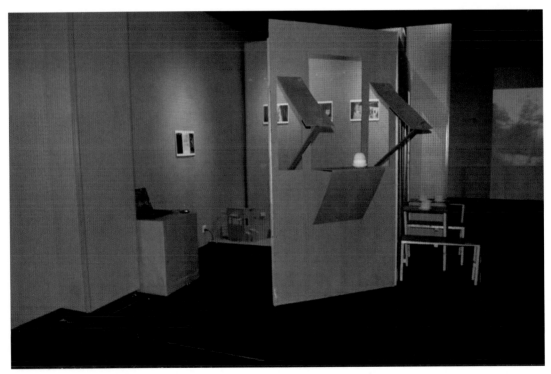

　　作品通过场景化的表达，并运用平面与立体的交互关系，展示了现实生活的朴实
片段。通过运用简单材料将二维物体转化为三维空间，旨在透露某种使用方法带来的
便捷度，为空间带来趣味和变化。

　　作品注重对细部的设计与推敲，注重对空间的利用与分割。精致的细节设计与材质形成对比，并结合灯光显示出潜在的韵律，形成高低起伏的空间关系。

空间延伸　　Extended Space

　　筷子是中国传统生活的用具之一，通过对
上海城市的调研，用筷子引发构想，用色彩的
变化活跃空间，形成无限延伸的构成空间。

　　作品试图寻找建立空间关联的办法，用筷子作为表现元素，在相对狭长的空间中
建立延伸的概念。创作的难度在于如何运用单一材料使空间饱满，如何在不断重复的
过程中产生变化。

　　作品运用色彩丰富并活跃空间关系，与空间形成良好的互动和关联。木筷的连接和搭建是现场制作的难点之一。看似狭小的空间中存在着精心的设计和巧妙的变化。

概念高架桥　　Conceptual Viaduct

　　高架桥是上海城市设计的显著特征之一。表现时，对作品下部空间进行了概念化的链接和搭建，体现了城市多元化的现代生活。

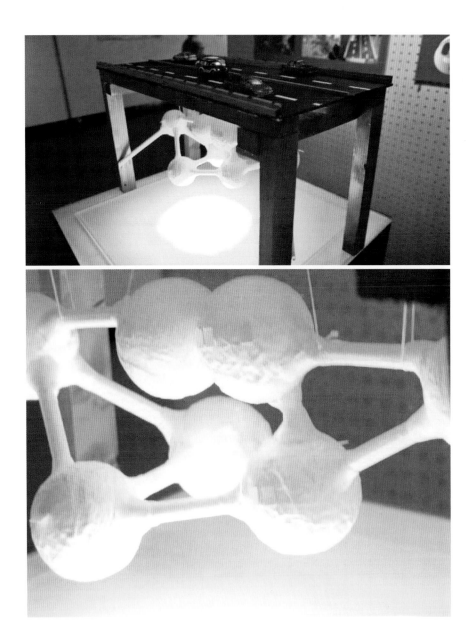

　　作品细部设计十分到位，建立立体空间的同时，也存在对力度的衡量与打造。灯光的运用也恰到好处，既突出了设计的重点，又增加了概念空间的多元与变幻。

　　高架桥是上海城市的显著特征之一。作品将加工后的网球通过连接建立立体的概念空间，表达现代都市在发展过程中呈现的多元化和快节奏的生活状态。最终展示采用模型结合展板的形式，清晰完整地表达了设计意图。

自由与束缚　　Froodom and Rcatraint

　　狭长的空间诠释着对"自由"与"束缚"的解释。作者巧妙利用空间、色彩、材质、灯光的变化，令狭长的静态空间充满了变幻和动感。

　　动静结合是该作品的一大亮点。作品结合光影制造"无声胜有声"的动态场景。展翅欲飞的鸟儿与被困于笼中的同类形成对比，似乎隐晦地诠释了对两种归属的理解。

　　作品运用色彩和材质的变化，结合巧妙的灯光效果，使狭长的空间充满灵动。设计中存在多方面的对比，包括鸟笼内外空间的对比、动与静的对比、色调的对比等。在这些对比中，平衡了"自由"与"束缚"这一对矛盾体。

居住空间新概念　The New Concept of Residential Space

　　如何在拥挤的城市中建立和谐的居住空间？作者用积市搭建的方法探索现代居住空间的新概念，寻找使空间多元化的解决方法。

　　作品采用悬挂的方式，打破平面展示的单调，使作品更直观。设计选用废弃纸板增加空间的平衡感。如何稳定空间，更好地实现空间的有序和严谨，是制作考虑的重要问题。

　　较好的实践能力是实现和还原设计意图的重要因素。作品中精致严谨的细节设计体现了学生较强的动手与实践能力，作品创作所追求的空间平衡关系，更加突出了小组创作的综合表现力。

危险城市　　Dangerous City

　　城市生活中总会存在一些"危险"，作者运用一系列的行为艺术，通过摄像头详细地记录了一次与"危险"接触的经历，使作品更有刺激性和体验性。

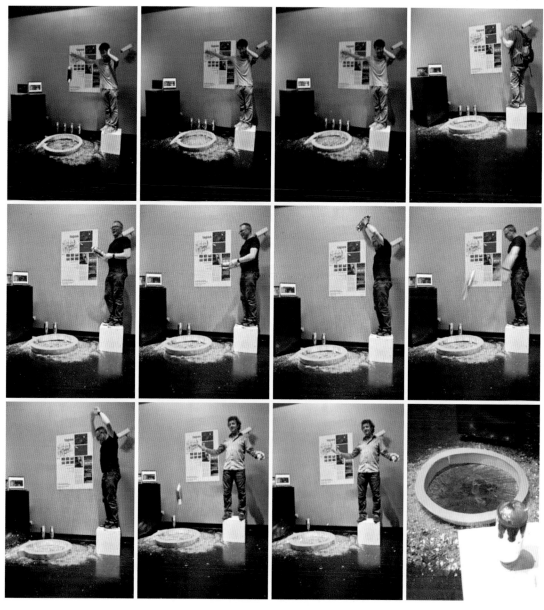

　　行为艺术注重过程的体验与经历，众人的参与为这次特有的经历增添了趣味。而同是与"危险"接触的行为，经历也会给众人带来不同的感受和刺激。

　　作品采用行为艺术的方式记录了一次与危险接触的经历。破碎的瓶胆给人带来不安和慌张，而从破碎开始直至危险成立的过程，早已被设置于墙角的摄像头跟踪记录，在一定程度上增加了作品的诙谐意味。

高架与空间　　The Viaduct and Space

　　如何有效利用上海高架桥的下部空间？作者以一段
模拟高架桥为例，在其四个与地面接触的支撑点处进行
设想和构思，赋予城市公共空间新的形态和功能。

　　以高架桥为主题的创意空间设计，突出了上海城市的主要特色。作品主要解决高
架桥下面的空间利用问题，以某一段高架桥为设计条件，以支撑立柱作为主要支干，
并以其为中心在周围增加有利于交通行驶的城市公共功能空间。

　　新型城市公共空间以个体为单位进行扩散，并依附高架的支撑立柱有序成组，像细胞生长一样，赋予城市生命力和展现力。

城市生活记录
Records about the Life of the City State

　　时至今日，街边麻将依然是上海城市生活的特点之一。作者利用麻将牌的趣味性，结合上海某一地理区域图，表达对上海"城市"与"生活"、"渗透"与"融合"的理解。

　　通过前期调研，选取具有城市特色的生活片段（打麻将牌）作为设计灵感来源和创意元素，并结合上海地图表达人们在紧张的现代城市生活中对闲逸生活的理解和追求。

　　设计源于生活。通过对上海城市生活的观察与接触，截取有生活意义的场景，并将其通过构思建立空间概念，体现了生活和设计的真实与低调。

绿色连廊　　Green Corridor

　　通过对上海居住空间公共连廊的调查，探讨城市的公共空间应该如何进行有效利用，如何在最大意义上满足其基本功能，又如何建立绿色和谐的公共邻里关系。

　　作品主要探讨了如何建立绿色的城市公共空间与和谐的邻里关系，试图运用具象的表达方式营造简单的生活场景，以小见大。此外，作品采用立体结合平面的手法增加空间的丰富性和情趣化。

回味　　Recollection

　　作品以一幅老上海照片为基础，以一条富有视觉冲击力的缆绳为元素，以平面和立体的相互影响为发生条件，结合独特的灯光布置，似乎唤起人们对20世纪三四十年代上海生活场景的回味，具有一定的怀旧韵味与创新。

　　以经典的色调关系和有趣的空间变化给人以强烈的视觉冲击力。朴实的画面结合简约的设计给人留下深刻的印象。作品的点睛之笔在于那一点灯光，使画面立即生色，打动人心。

体验城市　　City and Experience

　　以一次行为艺术表达对城市状态的理解，作者的亲身体验给人以真实感。

　　通过对一次亲身经历的真实记录，表达对现代城市状态的理解。作品采用无声视频的方式呈现，用仅有的肢体语言表达内心世界，给人留下想象和思考的空间。

趣味探索　　Interesting Exploration

　　采用原理式的体验装置告诉人们城市中的
废水通过一定的净化处理可以得到二次利用，
作品具有一定的趣味性和探索性。

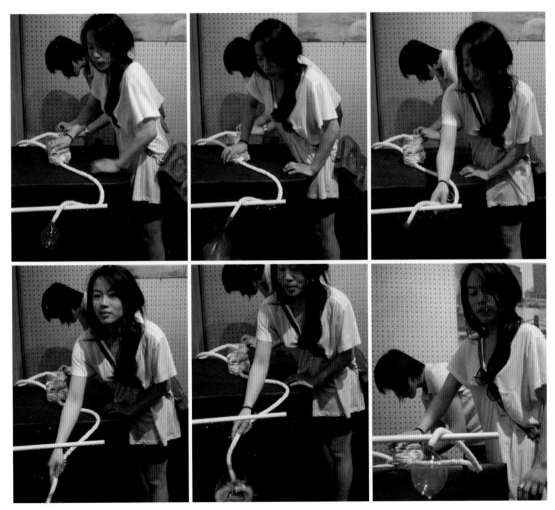

　　这是一个以空气原理为基础、证明实验装置可行性的项目。作品易于引起人们的
好奇并激发其进行探索，最终获得一次有趣的体验经历。

课程的评定阶段主要由课上表现、讨论、作业制作等几部分构成，有着明确的分值比例。

评定内容

（1）研究：指前期收集和整理相关作品资料，并通过草图、照片、模型、文字或其他方式加以解释和证明的过程。其中，最为重要的是，学生要在积累大量研究资料的基础上进行创新。

（2）理念：设计过程中，概念是一种视觉上的表达，无论是二维或三维的形式。这个概念是设计过程中不可或缺的部分，是构成方案的基础，可以是一个比喻、一个字、一首歌或一本书等。一个富有创意的概念应显示出一定的创新水平和可行性，并含有社会文化、哲学和伦理方面的考虑。

（3）设计过程：是指学生充分挖掘潜能、整合设计的过程，通过空间、造型、材料、功能等方面来表达概念，应表现出一定的设计水平。

（4）设计展现：设计的最终结果应表达清晰完整的概念和设计意图。

评定标准

评估内容	比例分配
评估1：调研	10%
评估2：概念	20%
评估3：设计过程	50%
评估4：设计展现	20%
总评估	100%

　　展览期间，上海市领导一行多人对此次合作课程进行了参观与访问，对中澳学生相互合作、共同创新的学习态度和精神给予了很高的评价。

　　展览期间，上海市领导一行多人对此次合作课程进行了参观访问，并对课程给予了较高的评价。市领导重点了解此次合作课程的构建目标和意义以及双方学生的创作思路和创新意识，并对国内专业课程的设置和发展提出了诸多宝贵的意见和建议。

都市孔隙
——世博外骨架结构

2010 INTERNATIONAL COLLABORATION: ARCHITECTURAL STRUCTURE IN THE EXPO

■ In 2010, during the Shanghai World Expo, Environmental Art Design Department at Fashion · Art Design Institute of Donghua University worked on an international cooperation course with College of Fine Arts, the University of New South Wales from Australia. The theme is "2010 International Collaboration- Architectural Structure in the EXPO". The main purpose of the course is to explore the penetration and integration of virtual space with real space in the city based on the skeleton structure outside the architecture.

■ Students from different countries tried their best to find solutions to make city more energetic by working through discussion and cooperation. They took sustainability into account with their design.

课程合作日期： 2010年9月13~24日

课程合作名称： 都市孔隙——世博外骨架结构

课程授课课时： 80课时

课程合作单位： （中方）东华大学服装•艺术设计学院环境艺术设计系
（澳方）澳大利亚新南威尔士大学美术学院

课程合作导师： （中方）冯信群、黄更、刘晨澍、朱瑾
（澳方）理查德•古德文（Richard Goodwin）、爱玛（Emma）

课程合作学生： （中方）东华大学服装•艺术设计学院环境艺术设计系本科三四
年级学生
（澳方）澳大利亚新南威尔士大学美术学院研究生及本科生

导师

冯信群
东华大学服装•艺术设计学院环境艺术设计系系主任 教授

黄 更
东华大学服装•艺术设计学院环境艺术设计系 讲师

刘晨澍
东华大学服装•艺术设计学院环境艺术设计系 副教授

朱 瑾
东华大学服装•艺术设计学院环境艺术设计系 副教授

理查德•古德文
新南威尔士大学美术学院 教授

爱 玛
新南威尔士大学美术学院 教授

任飞莺
新南威尔士大学美术学院 教师

学生

	周佳娟		张　洁
	袁佩华		许玉卿
	李子龙		兰　天
	黄　煜		黄炜昀
	孙毓婉		王赛兰
	都林林		易星成
	王钰娇		杨欢鸽
	周　恬		金　希
	薛　峰		李　琪
	王秋璐		郁颖英

	安德鲁·弗德		里　奥
	乔斯林·史奈顿		丹尼尔
	亚历山德拉·秋罗		哈姆·坦吉
	亚当·布吉森		劳拉·麦克莱恩
	凯瑟琳·西蒙斯		萨拉·德瓦恩
	索菲·瓦朗斯基		露　西
	露西·博蒙特		娜塔莉
	艾　伦		彼得·卡堡
	凯　琳		杰西卡·伯德
	亚历山大·普利		格兰特·米尔斯
	菲奥娜		杰西卡

学生

 凯瑟琳·维莉

 艾萨克·加拉赫

 贝 蒂

 娜奥米

 汤姆斯

概要和内容 / Abstract

课程概要

在2010年上海世界博览会期间，运用建筑外骨架结构探索城市虚拟空间与真实空间的渗透与融合。本课程旨在使来自不同国家的学生相互讨论，共同合作，寻求更具活力的改变城市的解决方案。

主要内容

（1）以一段路程作为实践的对象，鼓励学生引入一系列改变城市及建筑的行为和策略。这段路程是每个学生选择的由一个特定地点到东华大学的经历，包括其周围真实及虚拟的公共空间和私人空间。

（2）每个学生在城市里选择一个对个人具有一定意义的地点，并通过绘制模型，展示这个地点到东华大学这段路程及周围的城市建筑状况。选定的地点必须限定在城市中心的密集地带，可以通过图表、地图、三维电脑图像或用数码相机或录像描述。

（3）课程大纲可以归纳为以下几点：
• 学生最开始的任务是描述选择的地点到东华大学之间的状况；
• 形成概念设计，通过合作为这一特定区域引入全新元素或将其进行转变；
• 所有设计方案应该具有可持续性，或是采用促进可持续性发展的技术；
• 探索创作理念和互联网虚拟世界的关系。

授课计划和安排　　　　Planing and Arrangement

日　期　　時　間	9:00～12:00
星期一 **9月13日**	东华大学欢迎会 理查德对都市孔隙工作室做简短介绍 都市孔隙工作室以前的作品展示（简短电影和录像） Official introduction and welcome by DongHua University Presentation of visiting professorship for Prof. Richard Goodwin Introductory lecture by Professor Richard Goodwin Including full outline of studio and outcomes etc. Introductory talk about DongHua University by Feng Films and images from previous studios plus open discuseion
星期二 **9月14日**	澳大利亚学生游览上海 大约10个学生一组，共6～7组，每组约5个中国学生和5个澳大利亚学生，选择3个小时左右的游览。小组成员应该相互讨论并记录这段旅程的空间以及周围环境，收集资料和数据，可以通过地图和简图表示。环境应该包括有形建筑和社会环境 Tour of Shanghai for Australian students We will form groups of 10 students including 5 Shanghai students and 5 Sydney students. There will be approximately 6 or 7 groups in all Each group will plan a random 3 hours tour of Shanghai composed by the Chinese students Disscussions by the students on each tour should critique and record each series of spaces and contexts on the journey. Attention should be paid to social as well as physical constrction of these zones Maos and diagrams should be collected
星期三 **9月15日**	陈述初步设想、概念模型和图形 Presentation of initial ideas, coceptual models and drawings
星期四 **9月16日**	讨论周五演讲的主要内容，最后确定设计方向 Studio time with tuition Groups should now be established Discussion about the outcomes for the next major presentation Friday
星期五 **9月17日**	小组或个人对概念和设想的陈述 Concept presentations by all groups and individuals to tutors and students in the audience
星期六、星期日 **9月18日、19日**	

13:00～18:00	18:30～20:00
参观东华大学和工作的教室 每个学生的两分钟自我介绍：来自哪里、爱好等 Guided tour of DongHua and studio spaces Pecha Kucha presentations by each student about where they come from – their likes and dislikes – 2 mins each	理查德的讲座 逸夫楼演讲厅 Professor Richard Goodwin talks about his work + questions and discussion
讨论和为演讲准备简图 每组总结介绍小组的旅程以及在旅程中的发现 Studio work including discussions and the collective compolation of diagrams and notes for presentation Each group presents a summary of their journeys and observations	冯信群教授讲座 逸夫楼411 Professor Feng to give a lecture about his work
分组，速配 Group Formations, Speed Dating	在导师的指导下继续工作 Studio practice with tutors
在工作室继续工作，为汇报内容陈述做准备 Studio work continues	
小组分别开展讨论和评论，每组有一个导师指导 小组讨论第二周工作和最后完成和展出的作品内容 Round table discussions of critiques in 4 separate groups – each group led by a tutor Studio reconciliation and group discussions about planning for week two and the studios final outcomes	新南威尔士美术学院邀请大家晚餐 Drinks and dinner hosted by COFA UNSW

第二周　POROSITY STUDIO PROGRAM WEEK 2

日　期　＼　时　间	9:00～12:00
星期一 **9月20日**	最终确认方案，在逸夫楼展厅开始制作与布展 Panel discussion, Speakers to be determined, Srudio practice with tutors
星期二 **9月21日**	导师指导设计进程，工作室继续工作 Progress lecture shared by Richard Goodwin, Feng, Emma Price, and Chinese tutor. Srudio practice with tutors
星期三 **9月22日**	在工作室工作，如果有进度落后的，要延长工作时间 Studio practice with tutors, Studio practice to be extended if possible to late in the evening
星期四 **9月23日**	完成最终的展厅布置 Commence installation of the final exhibition within DongHua gallery
星期五 **9月24日**	展览开幕式 Formal opening ceremony by DongHua University

13:00～18:00	18:30～20:00
	在导师的指导下继续工作 Studio practice with tutors
	爱玛的讲座，逸夫楼演讲厅 Emma Price will give a lecture about her work
	黄更的讲座，逸夫楼411 HuangGeng will give a lecture
	继续完成工作 Studio work continues
	晚会 Party

"见面"阶段　　　　　　　　　　　　Meeting

　　双方在课程正式开始之前安排了"见面会"，在导师自我介绍之后，双方学生按学校以每十人一组的顺序进行两分钟的自我介绍。自我介绍形式不限，可以用图片、影像、音乐、文字或口述等多种形式；介绍内容也较为宽泛，可以介绍个人基本信息、介绍居住处或生活照片，也可以介绍喜欢的物品、人、作品等。尽可能将自己的喜好和特长展现在大家面前，这是一个刺激思维的过程。

　　与2009年中澳合作课程相同的是，在课程正式开始之前，双方安排并举行了"见面会"，作为双方师生第一次的碰面和接触。"见面会"以每十人为单位依序进行两分钟的自我介绍。自我介绍的范围相对宽泛，话题采用轻松幽默的方式，有利于双方更好地了解和沟通。

概念方案阶段　　　　　Conception Planing

概念方案设计阶段成果要求

（1）9月14日上午：澳大利亚学生游览上海。
大约每十个学生组成一个小组，每组约五个中国学生和五个澳大利亚学生，选择三个小时左右时间游览。小组成员应该互相讨论并记录这段旅程的空间以及周围环境，收集资料和数据，可以通过地图和草图表示，环境应该包括有形建筑和社会环境。

（2）9月14日下午：讨论和绘制草图。
每组总结介绍小组的旅程以及在旅程中的发现和感受。

（3）9月15日上午：所有学生最初都是作为个体参与。第三天需要提交概念模型，该概念模型可以是一种比喻，或是有关于方案的初步想法或方向。

每个学生做五分钟左右的演讲。此环节对课程是非常重要的，这是学生为自己的项目寻找合作伙伴的机会。学生可能会放弃自己的项目选择一个更喜欢的方向，也可能会发现一个新的综合性项目，还可能有兴趣去尝试与来自不同文化和专业的学生合作。

概念方案设计阶段实践情况

概念方案阶段分为两个步骤进行，第一步是调研，即收集资料和整理数据；第二步是概念方案演讲。此阶段根据授课计划分成两天进行，即9月14日~9月15日上午。

根据课程计划，9月14日上午，中澳学生共分为五个小组，选择一段旅程，并在三小时内对所选空间和环境进行调研和记录。下午即为概念方案的构思阶段，首先以组为单位进行行程的讨论和感受。然后，以个人为单位，进行方案构思及整理，表达的方式可以是概念模型、实物、照片、行为艺术等。

第二个步骤，要求学生在一定时间内根据图片、概念模型等，用简练的语言将概念方案表达清晰。

姓　名	设计方案	表达与展现
凯瑟琳·维莉	亲身感受上海的城市形象与现代气息，通过影像将其记录下来。影片放映将采用特有的模块组合的形式，建立平面和立体相结合的城市联系。	
亚历山德·拉秋罗	受中国传统艺术的启发，用人体与石膏表现上海城市人口比例失衡的状态。	
艾　伦	用纸做一些初步的模型，表现人与人之间的联系，并表达在虚拟的空间中可以建立联系，也可以失去联系。白色表示单体联系，黄色表示上海这座城市的关联状态。	
凯　琳	表达"天桥"的概念，建立人与人之间的联系。在一定的空间中，人们能够遇到的机会有多少？	
索菲·瓦朗斯基	其构思与家庭背景有一定渊源，祖父母曾在上海居住过。在上海经历得越多，越觉得与书上看到的不一样。作品运用的材料类似祖父当年在上海生活中用到的材料。	
贝　蒂	之前，了解到上海这座城市是被各种不同的建筑物联系起来的，通过调研，发现将城市联系起来的并非建筑物，而是人。	

姓　名	设计方案	表达与展现
亚当·布吉森	关于上海这座国际大都市的恋爱和亲吻。上海在物质上的变化很大，而其中人的社会因素很小。所以，要表达人与人之间的联系，用各国语言表达"我爱你"，再亲吻。	
凯瑟琳·西蒙斯	手中的塑胶管代表的是脐带，在城市强大压力的条件下，人要努力、挣扎、呼吸。将这一概念运用到建筑设计上，可以给建筑注射新的生命力。	
亚历山大·普利	感兴趣的是怎样把公共空间与私人空间结合起来。目前，私人空间里的公共空间没有得到很好利用。思考如何在阴暗的空间建立公共性，怎样从我开始，被社会接受。	
菲奥娜	通过聆听与感受，建立虚拟空间，寻找上海在真实空间与虚拟空间中的差异性。思考在虚拟空间中社会连通性是否减少了。	
周佳娟	在城市的行程与观察中，发现城市单体能够成为多个地方和空间的集合体，单体空间发挥了重要作用。	
金　希	主题是如何平衡传统与现代。通过对东华大学到静安寺一段行程的调研，发现传统与现代是这座城市存在的特点之一。	

姓　名	设计方案	表达与展现
李子龙	设想是对天津路一带老房子的外立面进行改造设计。新天地一带建筑外立面用石头做表面，十分整齐。考虑将天津路的老建筑墙体用石材重砌，在上面做流线或图案设计。	
黄　煜	如何解决城市的交通问题成为设计的出发点。通过调研，发现城市的交通存在诸多问题。有些路段绿灯持续时间过短；停车站点太小，等车的人过多；集中停车场过少等。	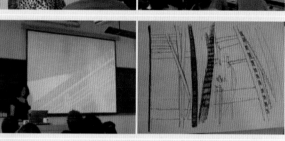
孙毓婉	高架桥是上海城市的重要特点之一，通过对上海高架桥的观察与体验，提出在"空间中行走"的概念，改变高架桥的形式与功能。	
都林林	在城市中会发现一些"危险"存在，这些"危险"是社会和人与设计不足带来的，如防盗墙损坏、晾晒空间狭小、十字路口拥挤等。构思是想利用色彩来改变城市形象。	
王钰娇	通过对静安区久光建筑的调研，发现城市中的"亮点"设计。主题强调在和谐环境中应该有一个亮点，而不是处处都是亮点。	
周　恬	主题为绿色城市。目前，提倡绿色、保护环境是我们每个人的责任。通过幽默的方式展现主题，从废旧的报纸垃圾里挖掘出绿色的生命萌芽。	

姓 名	设计方案	表达与展现
薛 峰	快节奏的城市生活中，十字路口是人们上下班必经的公共空间。十字路口具有其空间特殊性，是两个方向的空间交叉，然而，人群也在这两个空间中建立交叉和联系。	
杰西卡	超越界限。设计一个身着红色衣服的游戏人物，利用服装塑造和表现，超越视觉和想象。上海人通过穿着、讲话等表现自己，个人通过服装造型作为游戏的起点。	
安德鲁·弗德	收垃圾是一种社会现象，在东华大学校园里找到不同种类的石头，这是一种行为艺术。计划记录回收不同种类的建筑表面废弃石材的行为过程。	
乔斯林·史奈顿	平面是能够摧毁立体的，立体可以变为平面。在上海看到很多杂乱无章的电线，这些电线好像是人的生命线；脱离了这些生活必需品，人们的生活就会被摧毁。	
娜奥米 里 奥	感兴趣的是上海的运输——人力车（桶装水的运输），并将物品运输到某个聚集地。构思是在三轮车上制作大型玻璃盒，四面都是镜子，里面可放置器具等，供人聚集。	
格兰特·米尔斯	灵感来自啤酒和开瓶器的使用经历。酒瓶打开的办法很多，最有效的是利用开瓶器，而不是将其打碎。利用这个概念做一项城市中的装置艺术。	

姓　名	设计方案	表达与展现
劳拉·麦克莱恩	通过去菜市场，看到很多动物都被挤在笼子里，想帮助它们建立一个窝、一个家。想买一些透明的鱼缸，把甲虫放进去，塑造甲虫的世界。	 
萨拉·德瓦恩	对水果的运输很感兴趣。如何保持水果的新鲜度？水果是怎样被运输到上海的？如果有可能，是否可以运用到澳大利亚？澳洲人是否要改变食物购买的方式？	 
露　西	初步设计是想跟踪并揭露塑料污染严重的城市现状，无论商业区还是旅游区，都存在这一现象。跟踪的目的在于提升当地居民的公共注意力。	 
丹尼尔	城市是被资讯科技联系起来的，这不仅是指网络，还有各种资讯，不同的距离使人对物体之间的感触也有所不同。	 
彼得·卡堡	主题要表达对"爱"的理解。雨天是表达"爱"的很好机会，能够用多种方式接触行人。设计一个伞状的雕塑，用来在雨天传递"爱"给行人。	 
李　琪	目前，停车场设计是理想城市建设的重要内容之一。设计中，露天的停车场造型呈贝壳状、阶梯状，可停车、休息等。	 

姓　名	设计方案	表达与展现
许玉卿	在上海，如何将老房子、铁门、文化街道、咖啡吧等空间进行联系？如何实现城市空间的连通性？如何建立综合性空间？	
兰　天 黄炜昀	通过对安顺路小商贩、杂货店的调研，思考在没有高楼大厦的地方，如何营造富有生活气息的环境，想法是建立弹性空间，包括设施、道路两边的老房子、通道等。	
王赛兰	如何建立城市的快速通道？快速通道可以将两个不同的地方联系起来，里面可有公园、咖啡厅或厕所等，人们也可以进行沟通、上班、睡觉等一系列行为活动。	
易星成	城市像迷宫一样，错综复杂，有时甚至会迷失自己，使人产生幻影。构思是在一个封闭的空间内塑造迷宫般的城市形象。	
杨欢鸽	主题是城市中的公园。构想是打破传统平面布局，材料可以是柔软质地。草帽上面不同颜色的线代表不同情绪的人，不同的路线可以使人们到达一个最原始的状态。	
杰西卡·伯德	个人对中、澳文化交流很感兴趣。设计一个空间，让来自不同地区的人交流。模型是在路边找到的，是上海人天天用到的，也是最初的理念。	

方案设计中期成果要求

（1）9月15日下午：分组，速配

每个学生至少需要有五次交谈，每次交谈的对象需是一个自己感兴趣的来自另一个国家的学生，寻找伙伴，并组成新的设计小组。在此过程中，要求学生相互寻找相似的设想，也可以摒弃原有想法，并在合作基础上产生新的设想。导师会在场协助讨论和提出建议。

（2）9月16日：（小组到目前已经确定）讨论，准备次日演讲的主要内容，最后确定设计方案。

鼓励小组作为一个群体创建设计概念，每个成员又有不同分工。需要通过图纸和电脑的三维数据表达方案，比例正确。也可以选择用无形数据表现，数据要与模型或影片的制作相匹配。此过程中需要小组合作，并与导师不断地交流。

小组或个人将在9月17日（星期五）上午对设计方案做最后的演讲。之后的主要任务就是发展和完成此小组或个人的设计方案，并参加安排在两周课程结束后的展览和汇报。

（3）9月17日上午：小组或个人对概念和设想进行陈述。

方案设计中期阶段实践情况

方案设计中期阶段主要分为两个步骤，第一步是自由讨论并速配成组，在9月15日下午进行。课程鼓励学生合作创作，但不规定必须合作或如何合作，合作只是一种选择。

经过9月15日上午个人概念方案演讲之后，大家对其他同学的方案都大致了解了，下午的任务是自由讨论和结组。导师在这个过程中承担着建议和引导的作用，大部分时间留给学生进行讨论。讨论时要求每个学生至少需要五次与他人交流的机会，寻找与自己思路相近的同学，最后成组人数不超过五人。在这个过程中，每位同学都有选择与他人结组的权利，也可选择独立工作。

　　中期阶段，课程鼓励双方学生相互合作，共同创新，同时，也鼓励学生可根据前期方案进行充分讨论并寻求合作伙伴。老师可根据学生在此过程中的问题和需求提供正确的引导和建议。

　　双方学生经过近三个小时的积极讨论，导师给予一定的建议和引导，基本达到了预期的效果。

第二步是小组或个人对合作后的方案做最后的演讲，从9月17日上午10:00正式开始，顺序按照老师编排的组号和时间进行，轮到哪个小组或个人，就到逸夫楼618教室与老师面对面交流，没有轮到的小组或个人在逸夫楼411多媒体教室等待和继续准备。

9月17日上午现场分组情况。根据学生自由结组，导师负责为小组编排序号并记录小组成员。之后，以小组为单位制订最终汇报时间和相关计划。

最终分组和汇报时间表

组号	9月17日上午9:00分组结果	9月17日上午10:00开始演讲
21	凯瑟琳·维莉	10:00
02	王雪融、郑捷、露西·博蒙特	10:15
05	艾萨克·加拉赫、萨拉·德瓦恩、娜塔莉	10:30
08	哈姆·坦吉	10:45
11	王赛兰、许玉卿、凯瑟琳·西蒙斯	11:00
19	易星成、亚当·布吉森	11:15
14	贝蒂	11:30
03	金希、黄煜、周佳娟、菲奥娜	11:45
17	索菲·瓦朗斯基	12:00
16	亚历山大·秋罗	12:15
20	王秋璐、郁颖英、袁佩华	12:30
23	亚历山大·普利	12:45
04	孙毓婉、露西	13:00
18	兰天、黄炜昀	13:15
07	李琪、丹尼尔	13:30
	休息	13:45
15	杨欢鸽、艾伦、凯琳	14:30
22	彼得·卡堡	14:45
01	都林林、王钰娇、安德鲁·弗德、杰西卡	15:00
12	张洁、周恬、劳拉·麦克莱恩	15:15
10	乔斯林·史奈顿	15:30
13	李唯、李子龙、娜奥米、里奥	15:45
06	薛峰	16:00
09	格兰特·米尔斯、杰西卡·伯德	16:15
24	汤姆斯	16:30

最终分组和汇报时间安排公布，共分为24个小组。虽然课程鼓励合作，但不限定合作的方式，所以，合作只是一种选择，分组中允许存在以个人为单位的小组出现。

通过小组或个人分别与导师进行最终方案的讨论和交流，学生对小组或个人的方案进行推敲和确定，以便下周开始正式进入作品制作阶段。

　　根据最终分组与汇报时间表，各小组按顺序依次在逸夫楼618教室与导师进行面对面交流。这是最终方案汇报的深层讨论，要求小组在规定时间内将方案表达清晰。小组可借助模型、电脑制作等方式表达方案，将作为小组评定的重要组成内容之一。

　　在第一周的课程安排中，白天进行方案思考和讨论，晚上为集中式的导师讲座。讲座一方面是导师展现自我的机会，可以使学生更进一步地了解导师，并为师生提供学术交流的平台；另一方面，学生通过对导师相关研究的理解与分析，可以为小组或个人的方案提取灵感和获取帮助。

　　讲座是2009年和2010年中澳合作课程设置的特色内容之一，贯穿于课程的始终。讲座的设置有利于双方更加深入地了解和沟通，尤其有利于双方对彼此文化及设计本体的认识和讨论，也有利于双方取长补短，实现创新。

作品制作阶段要求

双方学生在最终分组后，进入作品制作阶段，时间为9月18日下午~9月22日中午；地点为东华大学逸夫楼一楼展厅、411多媒体教室及室外场地。

作品制作阶段实践情况

作品制作阶段包含对学生作品制作过程的记录与检验。在这一阶段中，双方学生能够做到自主学习、自主动手、相互沟通、相互交流，体现了良好的合作精神，这也是国际合作课程开展的重要意义所在。

作品提交阶段要求

（1）最终作品成果展示中，要求模型作品展示的材料不限，比例自定，要将设计的主题和概念表达清楚，可借助影像、图片、综合展板等形式加以辅助说明。图片和展板打印尺寸不限，精度不得低于300dpi。

（2）每组另附210cmx210cm白色KT板背胶制作、统一排版的作品解读卡片。

（3）最终作品成果展示地点为东华大学逸夫楼一楼展厅，由导师根据学生作品需要指定展位，可借助活动墙面。

（4）作品制作完成和展览准备阶段结束时间为9月24日下午14:00，17:00进行此次课程作品展览的开幕式。

作品提交阶段实践情况

2010年中澳合作课程作品以展览形式提交，根据学生表达的主题和内容来确定展示的形式。展示形式不限，可以是模型、实物、影像、图片、绘画、行为艺术等，也可是两种或多种形式的结合。

伪装　　Camouflage

用树叶和树枝制作"城市灯光"，为上海这座城市提供亮度和"过滤器"。它摒弃了刺眼的阳光和眼花缭乱的城市夜景灯光，为那些在路上匆忙行走的人们提供凉爽而安静的氛围。

这项工作用重叠的树叶透出灯光。简单的设计策略中引入树冠结构，通过结构和表膜阻碍内部照射，浑然天成，保持了一种自然的美感。

缝在一起的"叶表皮"是不断变化的，它伴随季节而自然生长、凋落。每个树冠相互交叉连接，形成一个相对凉爽而宁静的环境——一个人们可以逃脱繁闹城市的环境。

谈到作品的规模，这可以扩展到对整个城市的思考。模型用三维形象展示，形成复合型高性能网织物，用来搭建群体和连接结构。透明的"茧"通过电池进行发光和雨水收集，并能利用现有的电力资源满足建筑物的通风需求。

由于污染、风和热等环境问题的存在，这些相互影响的因素不能使自然系统得以很好地完善。运用合成的表皮相互连接，转化成一个充满生机的能呼吸的建筑混合外表皮。

小组成员：王雪融，郑捷、露西·博蒙特

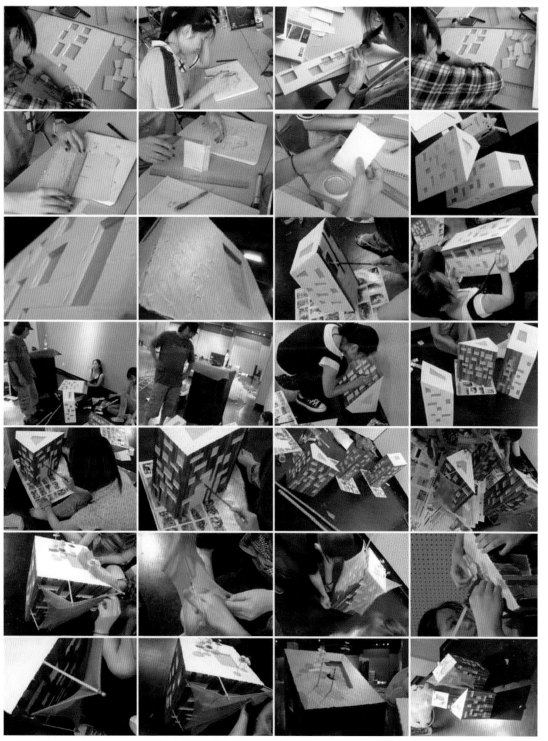

　　制作时，小组根据方案分工合作。此部分模型由白板纸搭建骨架，用油画颜料绘成肌理制作表皮，用剪破的丝袜材质模仿张拉膜的效果，使建筑融合了力度和美感。

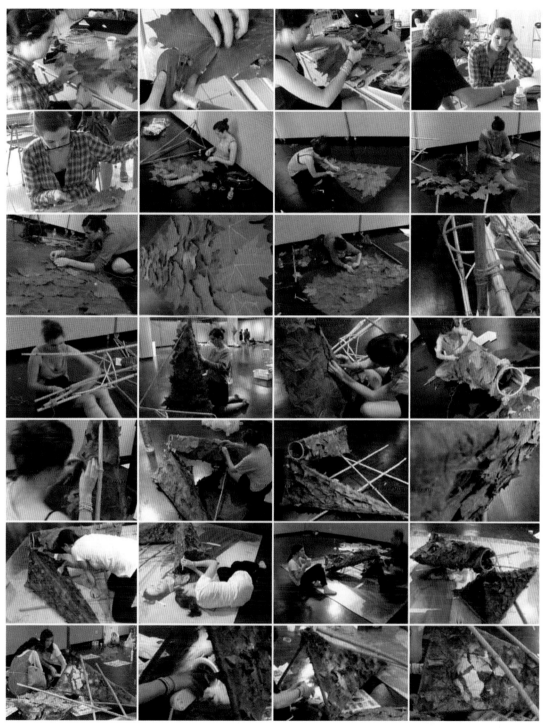

　　另一部分用竹竿捆绑制作骨架，用拼合好的树叶通过与纱布的缝制制作表皮，并在内部空间嵌入灯光，意图通过微妙的灯光和绿叶表皮的衬托，制造奇异的光环境。

　　通过分工合作，小组最终将两部分内容融为一体。作品的组合与安装是空间构成的主要决定因素，因此，经过小组讨论交流，将两部分内容进行高低组合，并搭配灯光实现创意效果。

作品具有较强的创新性，运用树叶、KT板、纱布和剪破的丝袜，结合灯光，表达"绿色城市"的概念。作者巧妙的构思和精细的制作成为作品完成必不可少的要素。

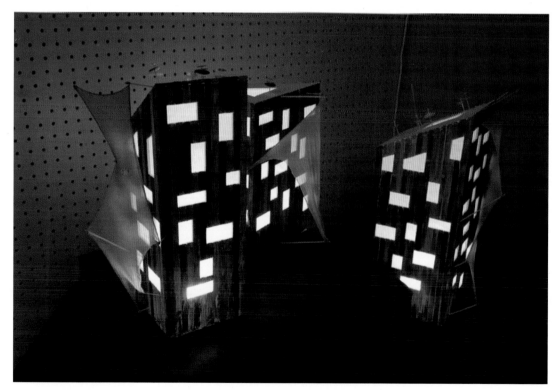

精致的模型制作体现了小组较强的动手能力。建筑的开窗与组合别出心裁，丝袜材质的运用恰到好处，既与坚硬的外表皮材质和粗糙的肌理形成对比，赋予建筑弹性和张力，也有利于构成有趣的灰空间，配合灯光增加空间的朦胧感和延伸感。

　　作品最终呈现了良好的空间与视觉效果。运用统一的色调、特有的材质，巧妙结合灯光设计，传达城市绿色空间的理念。作品特别注重对外表皮的设计，尤其在材质的设计和再利用方面，具有良好的环保与创新意义。

泰特罗狂想曲　　　Tetro Rhapsody

　　"泰特罗狂想曲"的灵感来自于上海的声音,它是由一个物质城市的管弦乐编曲和一个游乐场视频游戏即俄罗斯方块组合而成。

　　这首曲子在形式上无规律,富有情感,自然即兴,很像在描述一座城市的品质。每个俄罗斯方块都是上海这座城市的象征,象征着工厂、学校、房子、餐厅、办公室、卡车、汽车、自行车、人和自然。这些俄罗斯方块被记录,然后编辑成各种声音,集合了狂想曲的形式。

　　在音乐和设计之间存在着亲密的关系。每个学科间的交流都是根据其是否和谐而定。这首曲子代表着声音和城市空间中的和谐。

　　小组成员:金希、黄煜、周佳娟、菲奥娜

　　作品在方案构思与模型制作阶段，花费了大量的时间，注重概念的形成和草图的勾画。通过多次尝试并结合教师的建议和帮助，最终将"狂想曲"的设计元素制作成功，体现了较强的团队合作能力。

构想来源于上海的声音——类似狂想曲编织
成的物质世界。音乐与俄罗斯方块结合而成的游
戏规则，表达了对一个情绪化的城市的理解。

作品从城市的声音中吸取创作灵感，通过音乐与俄罗斯方块的组合构成类似游戏
的趣味空间，两者的有机结合表达了对情绪化的城市的理解。

打结的城市　　Knot a City

人类是有机的，建筑是方形的。为什么人们试图在一个方块中凿洞呢？

城市不是被它所包含的建筑、道路、公园或广场所定义，而应该是由居住在其中的居民所定义。

城市是一个由路径交织的网格。上海居民在城市生活中相互交织，经线和纬线的偶然碰撞创造了一个混沌的城市结构。

通过路径的连接和交叉，这些相互任意连接的点在城市结构中形成了结。路径的分歧和扩张铸造了宽阔的个人步道脉络，在连接之前又再一次地交织。

建筑不能构成城市。

人们才能实现。

小组成员：王赛兰、许玉卿、凯瑟琳·西蒙斯

　　方案构思阶段，小组以一根打结的红绳作为设计线索，以代表老上海城市特征的地域性照片为故事发生的背景，并借助电脑进行创意设计。

　　除运用意象表达外，小组还用实践的方法使设计与真实的城市空间建立联系，更好地表达了小组对"城市"与"道路"、"规律"与"交错"的理解。思考当城市出现混乱的时候，"结"应该如何被疏导。

　　制作时，小组采用多种材料进行尝试，包括透明塑料软管材料、防水毯构成材料、粗糙麻绳材料等。最终，通过小组的不断交流，运用最符合设计主题的"中国结"构成材料来实现设计创作。小组不断尝试、勇于创新的协作精神在制作过程中具有良好的表现。

作品的目的在于思考建筑与城市的关系，喻意在混乱的城市结构中，城市就像一个结，人们应建立有序的路径，创造和谐城市。

　　"重过程"是合作课程构建的重要原则之一。小组注重学生对设计过程的参与和交流，较好地实现了设计目的。作品汇报展览采用实物结合视频的方法，体现出对现代城市纠结状态的理解，从侧面反映出应该建立和谐有序的城市关系。

超级逃脱　　　Super Escape

　　这个项目使用小丑作为隐喻来创建一个临时的建筑空间。这表明，非理性要素的结合可能会导致公共空间的状态发生变化，拥挤的人群会停下脚步，驻足观看。

　　小组成员：李琪、丹尼尔

　　小组采取独特的构思试图实现打破空间、参与空间的创意设计。合作沟通中，小组用记录的方式融合双方构思，并努力寻找实现设计创意的共同意见和表现方法。

　　小组将自我进行形象设定，通过行为艺术的方式参与到城市公共活动空间当中。试图寻找当驻足与拥挤事件发生时改变公共空间关系的条件——这是由于人们的好奇心和非理性因素导致了城市公共空间的改变。

　　小组用影像记录的方式表达一次任务设定参与和改变城市公共空间关系的经历，试探公共空间和人物行为在外界的参与和变化中的反映，实现了最初的方案设想。

生态——蝈蝈   E-guo

　　作品隐喻了上海这个嘈杂的、多维度网格以及多层次居住结构的城市。犹如世博会期间的上海，生态——蝈蝈被"绿化"，在这个案例中，室内空间比室外空间对居住者产生了更有利的转变。25个不同种类的蝈蝈对噪声、灯光、空间和气候做出反应。蝈蝈被放置在了实验装置内，以观察它们在这个生态结构中的行为。最终的测试是，当单体结构、塑料饮料瓶相互连接以后，它们会产生什么样的关联行为。

　　在中国古代，斗蝈蝈是一种娱乐形式，两只蝈蝈被放在有限的空间内，人们打赌哪一只会为了生存而战胜。装置最后的形式就像根状系统，生态——蝈蝈变成了对于性格和数量的测试。在现代中国，蝈蝈因为其悦耳的鸣声为人们喜爱而被当成了一种宠物。据此，生态——蝈蝈多变的声音在居住通道中发出然后变成了公共艺术品，发出鸣声的蝈蝈成为当地居住者的宠物，与交通的嘈杂声进行对抗。

　　小组成员：张洁、周恬、劳拉•麦克莱恩

　　以"绿色"和"生态"为主题的设计表达。作品吸取和利用大自然的生命之声制作发声空间。小组用竹竿捆扎制作悬吊骨架，用废弃的饮料瓶制作实验装置，在其中掺入泥土和养分，供动植物生长和呼吸。

　　作品采用骨架作为建立三维空间的方法。安装的难度在于骨架的搭建，骨架包括用于悬吊的硬质骨架（用竹竿捆扎完成）和用于连接饮料瓶的软质骨架（用塑料软管弯制而成）。

作者试图通过声音装置表现一个喧闹嘈杂的城市环境，利用空间、灯光、气候等因素表达多维度的系统空间，从侧面反映出人们应该创造"绿色、生态、宜人"的居住环境。

将绿色植物和发声体（蝈蝈）放置于实验装置内。装置通过软管输送获得空气和养分，向生命体提供绿色生态的生长环境。作品利用声音模拟自然环境，成为设计的亮点和创新点。

　　作品主要采用悬吊的方式构成空间体系，并结合声音、灯光、温度等要素表达"绿色生态、宜人宜居"的城市环境。创作的难点在于对无形因素的组织与表达，包括声音和气体等。塑料软管看似一条充满氧气的输送带，为实验装置中的动植物提供生存的基础和条件。

大城市的吻   City Kiss

　　在过去的几个世纪，上海已经从一个小镇发展为一座城市，直至一个"大都市"。现在它处于一个"特大城市"的状态，具有21世纪一个超级城市的规模和范围，这在历史上是史无前例的。它是一个大量建设和发展的城市，同时也是数万人生活的地方。

　　该项目调查了人们如何在这样一个大城市中联系以及如何寻找爱人的问题，这些都可以作为市容面貌发生在我们周围。"大城市的吻"旨在阐述一种寂静，这种寂静是当两个人发现彼此并且城市中其余混乱局面完全被阻断时产生的。

　　小组成员：易犀成、亚当·布吉森

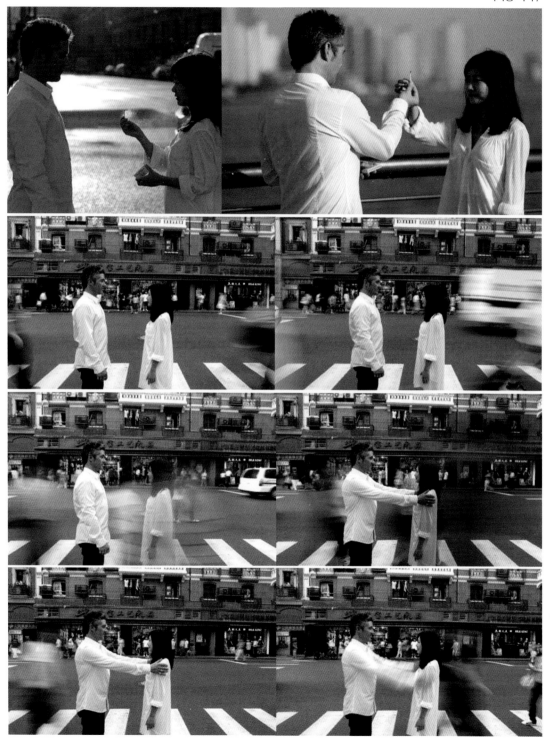

　　城市中的两个人如何寻找对方并表达爱，其方式是否跟随空间环境的变化而改变呢？小组从城市空间出发，试图寻找环境的改变为这些问题带来的影响和原因。

　　作品通过视频和图像表达主题，视频的男女主角正是小组的两位成员，其亲身体验更能传达空间的变化与联系。创作的过程尤为重要，如何改变空间环境并建立新的关联是设计的难点。

城市里的毛毛虫　　Caterpillar in the City

　　该主题是为城市里各建筑之间的联系而设计的。管道桥梁打破了单一的建筑，增加了人与人之间、建筑与建筑之间的联系。材料是透明的塑胶软管，意在体现管道的可变通性、灵活性和伸缩性。建筑之间的通道在远处看起来像极了趴在建筑上的毛毛虫。渺小的毛毛虫最后会破茧成蝶，装饰世界，寓意城市会越来越美丽。透明的"毛毛虫管道桥梁"很通透，在灯光下格外美丽。

　　城市里的毛毛虫最终会变成美丽的蝴蝶！

　　小组成员：兰天、黄炜昀

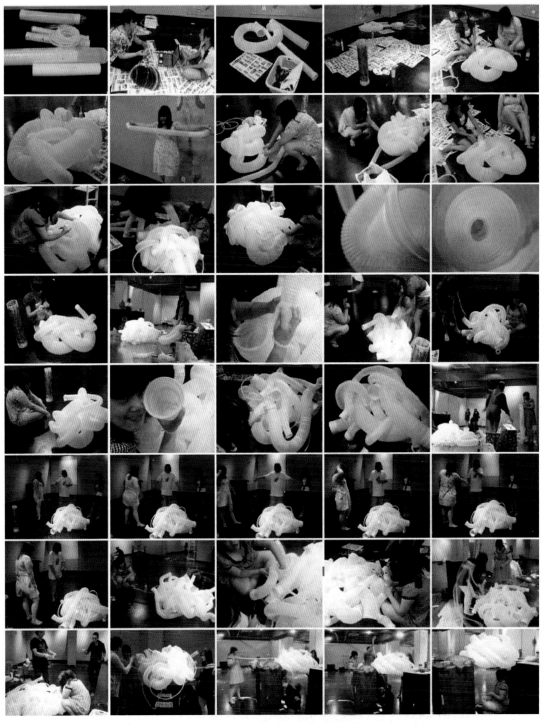

　　作品从弹簧原理出发，思考建立弹性空间的原则和方法。小组通过模拟自然的方式，赋予空间生命和变化。制作时将直径不等的塑胶软管作为主要材料，不断思考如何运用单一材料表达生命的变幻。

　　作品采用悬吊的方式展示，用两根透明空心的亚克力圆管十字交叉作为悬吊的骨架，悬吊于距离地面2m多的高度，当人参与到作品中时，能够通过灯光感受到生命体的变幻和奇妙。

如何在看似越来越淡漠的城市中增加人与人、建筑与建筑、人与建筑的联系？作品从弹簧原理出发，选用塑胶软管作为表现元素，映射出"互通、互联"的城市脉络印象。

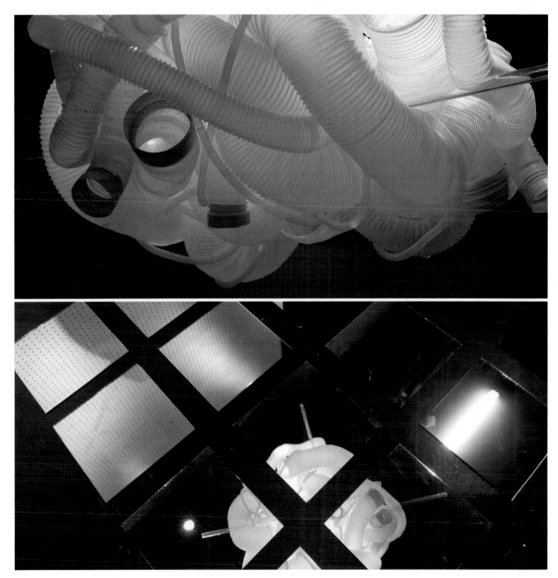

作品将直径不等的塑胶软管通过弯曲、穿插等再设计后实现创新。软管的不稳定性是制作的难点之一，小组采用可弯曲的钢丝穿进相邻软管的方法逐一固定。反射的镜面可将作品与人的参与一同映射，为作品增加完整性和趣味性。

　　作品采用独特的展示方式，主体悬吊的位置接近于展厅的顶部。运用规则分割的镜面与之呼应，实现设计的协调与统一。将中部空间留空白，目的是吸引路人的参与和互动，增加人们与城市空间的沟通和关联，这也是创作的最终意图。

特洛伊工作木马　　The Trojan Work Horse

　　这辆货运三轮车是一个可持续设计，是新时期的"特洛伊巾马"。它承载了一种新引进的理念和文化，并超越了以往那些通过回收利用而获得新生的事物，是一个彻底的变革。 对每一个物体来讲，"循环"和"再利用"被赋予了新的含义。在上海这座城市中引入"特洛伊巾马"的设计构想，目的是创建一个根本性的变革以及可以进一步走向未来的理念。

　　小组成员：艾萨克•加拉赫、萨拉•德瓦恩、娜塔莉

　　组经过前期构思，计划实现一场由再设计引发的"变革"。以破烂的三轮车作为对象并开始进行"拯救"行为。首先将三轮车进行分解和拆卸，再通过将每个零件"注射"新的"血液"，最终实现"变革"的目的。

　　工作现场，小组成员与老师进行讨论和交流，寻找制作和表现方法。小组最终采用实物结合视频的方式进行汇报展览。实物为最终"获得新生"的三轮车，视频则以记录"注射"的过程为重点，将这次"变革"演绎完整。

　　通过"回收"和"注射"后"获得新生"的实物作品。小组在创作过程中分工明确，表现了良好的沟通合作能力。小组协作能力的组织与运用将作为课程评定的重要参考和依据。

晃动计划　　Shaking Plan

　　当今社会，有太多的东西将人们分隔开来：性别、权利、金钱······人与人之间形成了无形的隔膜。人们在自己的圈子，从不轻易"出去"。

　　为什么？为什么我们要被这些东西束缚？为什么我们不能像摇晃玻璃杯中的各种液体一样，将社会中的各种角色融合？

　　所以，我们想通过行为艺术，打破建筑对人们的束缚，打破人们对场所的固有观念，试图加强各个阶层人们的交流，打破人们对于阶级、性别的隔阂。

　　小组成员：王秋璐、郁颖英、袁佩华

　　作品试图融入多种角色，打破各种束缚，建立人与人之间良好的沟通关系。设计结合多种道具和图像将空间表现场景化，暗示人们可以走出内心的限定范围，打破阶层和性别等约束，接触更多有趣的空间和事物。

空间搅拌　　Spatial Agitation

　　作品受到上海居民在生活中的创造力和适应性的启发，例如在上海地区，公共与私密空间的关系往往是模糊的，在晚上，公共广场变成了舞池，高架桥下面的人行道变成了市场……用组装形式表现城市潜在的创造力，这是一个接触实际空间的方法；一种潜在的创造力，是隐藏于表面之下、等待释放的。

　　这项工作起源于9月17日停车日中的装置，停车日是一年一度、为期一天的全球盛会，由艺术家、活动家等公民共同参与，通过站立等行为艺术形成公共空间——临时的公共停车场。在这种倡议下，利用停车空间作为区分公共和私密空间的界限，空间结构的建立和拆除就在一两个小时的停车期间完成。

　　我们介入一系列空间的目的是为了将空间转化为城市，并为其提供影响城市互动空间的机会。通过引入空间建筑形式，我们建立了一项挑战：当城市的创造力发动的时候，我们尽可能提供什么。

　　小组成员：格兰特•米尔斯、杰西卡•伯德

　　间的获取来源于城市公共空间的一部分——停车空间，小组试图利用停车空间划分公共和私密空间的有趣界限。创作灵感来源于上海居民在城市中的创造性和适应性，用简单的材料进行空间的搭建与组合，实现空间的多元分割。

　　运用空间的参与和互动，引入创作形式，寻找公共与私密空间的相互转换关系。在某一时段是相对私密的空间，或许一两个小时后，将临时空间移走或拆除，那么私密空间又将被还原成城市公共空间的组成部分。

经过在室外对课题的构思和发挥，小组决定在汇报展厅用模拟场景的方法表达对创造和变换空间的理解，思考界定城市公共与私密空间的方法。

作者对空间的理解出于对空间组合状态和组合方式的表现。在上海，公共空间与私密空间似乎呈现出较为模糊的状态，给予空间潜在的创造力。

　　作品汇报展览采用静态场景展示结合室外活动照片共同表现。现场布置阶段，运用废报纸的堆积和摆放表达城市的创造力。看似简单的材料通过创意组合也能构成趣味空间。

沟通互助，让生活更美好
Communication and assistance, let your life be better

　　作品表现形式：三岔路口。我们希望营造清新、自然、有趣、富有生机的城市街道场景，以体现城市环境中的联系与沟通。以白色为建筑底色，柔软的丝布与线条穿梭其中，象征着城市中的各种联系。建筑表面的手绘处理，融合中西方文化，象征中西交流。也使画面更具活力。人们在这样的街道场景中穿梭浏览，遇到障碍时互相提醒，互相帮助，有了这些相互之间的关心，社会会更加和谐融洽。本作品采用以小见大的方式，体现人与人之间的沟通，促进社会和谐。

　　小组成员：都林林、王钰娇

　　如何在平面中创造并融合空间是设计的难点之一。从创作过程中可以看出小组如何将二维空间转化为三维空间，并通过材料的对比与渗透，不断激发小组在创作过程中寻找规律和变化。

　　小组试图寻找多种方法，实现空间的多元变化。选用镂空、剪影、穿插、缝叠等方法使单调的二维空间变得立体和丰富。展示时，如何建立空间的关联与互动是小组在创作过程中思考的重点。

作者以剪影、镂空的城市形态，结合丝布、线条、绘画、灯光的表现方式，营造相互关联、相互和谐的城市居住环境。

在"三岔路口"的设计中，引起人们对建立和谐城市的思考。作品以城市剪影为创作背景，通过对城市不同方式的描绘与表现，激发人们想象三岔路口可能发生或遇到的事情和状况。

中国少女　　Maid in China

作者把现代娃娃与瓷画这种传统的绘画形式融合起来，调侃地提出了解决中国性别失衡的方案（作者观察到的中国社会状态是男性多于女性）。盛开的鲜花代表了中国不断增长的人口和节节攀升的新生活。

小组成员：亚历山大·秋罗

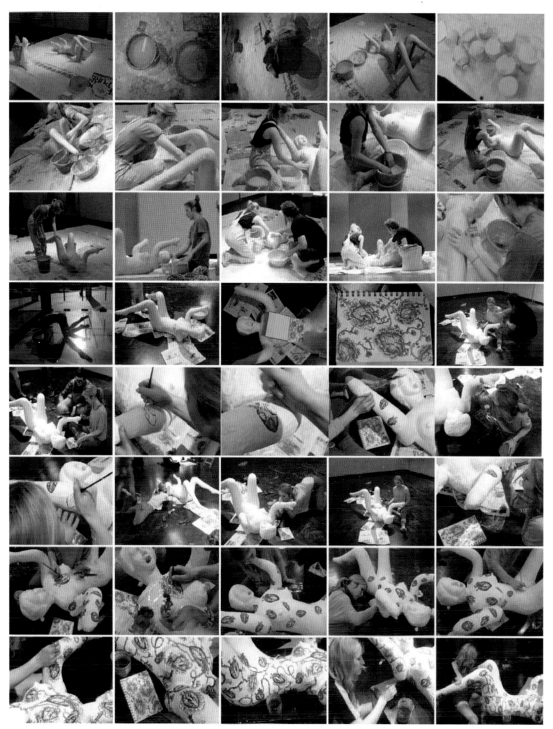

　　有序的步骤安排是小组创作过程中的亮点之一。创作选择由个人独立完成，步骤制订和计划安排尤为重要。如何在规定的时间内单独完成一个项目，对个人来讲是一件极具挑战和考验的事情。

　　创作进展充分体现了学生认真严谨的研究与学习态度。即使是单独的一次绘画步骤，也将其进行再分解。在对颜色的运用和对绘画的表现方法中，体现了学生创作的耐心和细致入微。

作品的目的在于表达中国社会性别失衡的现状。作者出于对中国传统文化的兴趣，借助青花瓷的绘画特点，并融合西方表达理念进行综合表现。

这是一次西方表达理念与东方绘画的综合表现。盛开的鲜花代表中国社会人口不断增长的状态，胸口的心脏蕴含了圣心基督教肖像。小组在创作过程中充分体现了此次合作课程"重过程"的原则和目标，这也作为课程评定的重要内容之一。

梦想超越　　Crossing Dream

　　每时每刻，我们身边都有很多故事发生，而有许多看似平凡但却充满生活情趣的情节被很多人所忽视。十字路口是我们每天都会经过的地方，这里就像一个戏剧的舞台，我们既是演员又是观众，或许我们可以通过这种角色的转换发现生活中那些看似平凡却又不平凡的故事。

　　小组成员：薛峰

　　作品用场景营造的方式吸引路人，以十字路口这一特殊地理位置作为故事发生的地点，以"经过"作为故事创作的条件。作品试图在每次"经过"的过程中观察各种角色相对空间变化的转换，这是人们在现实生活中不易发现的平凡且有趣的生活情节，体现了小组对城市生活细心和敏锐的观察力。

城市医学　　City Medicine

　　水是人类生存的本源，城市的病症污染了这个本源。生活在上海这座城市中，人们要吸收很多本源的东西，把病症也吸收了。

　　城市的病症，不能像洗澡一样，冲洗就能够去除，我们要用更为温和的方法去解决。中医拔罐是从病的本源上去根治的方法。

　　小组成员：孙毓婉

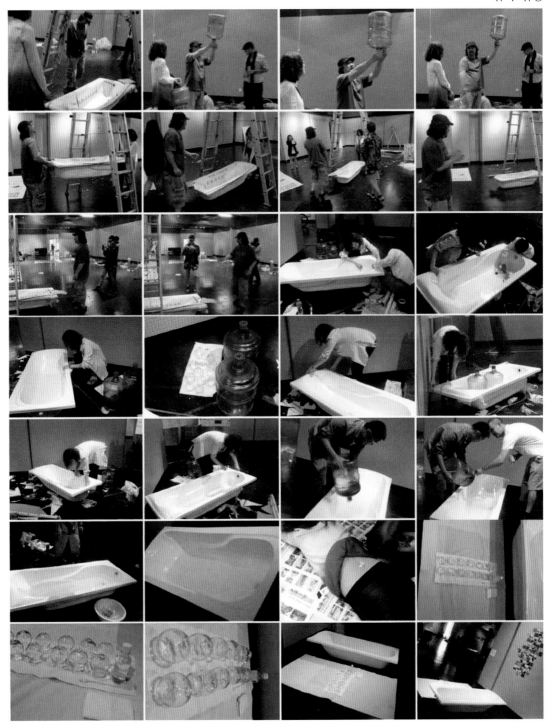

　　现代城市有其专属的特点，例如城市污染、建设浪费、生活节奏超快等，这些浮躁不安和华而不实可称为"城市的病"。为进一步找准病源，对症下药，小组在进行多次尝试之后选择最能根治的方法——中医拔罐。

作品在水、中医拔罐、城市之间建立联系，讲述如何治愈病态城市的故事。作者结合行为艺术告诉人们，解决问题应采用温和且根治的办法。

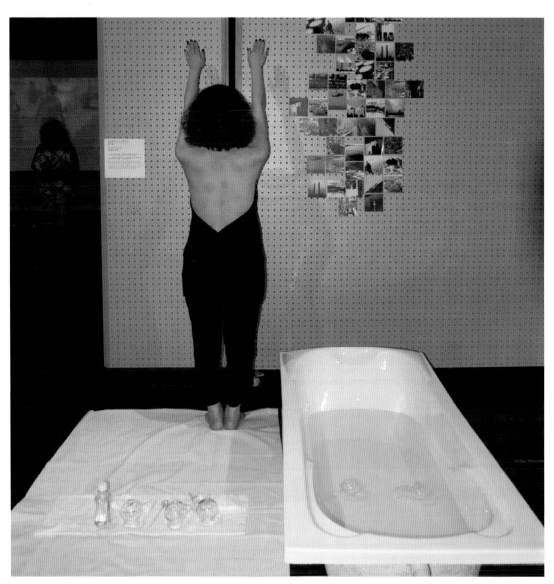

作品结合行为艺术，告诉人们根治"病态的城市"需采取温和的方法，循序渐进，这也是中医医学传承和推崇的重要医理。在此基础上将其运用于城市的各种构成元素当中，对水、绿地、居住空间等逐一进行"治疗"，使城市逐渐"恢复健康"。

超空间　Hyper Spaces

　　人们为什么要在空间中静态的点之间移动呢？旅程通过道路、桥梁，从A点到B点，那为什么不压缩点之间的空间，把B点带到A点？

　　如果城市建筑和空间的对话可以成为一种更和谐的垂直关系，那么在未来我们将利用新的材料技术和质变的理想结构来表现。假设在某年的特殊时刻，在几座非常靠近的塔之间，一座向另一座倾斜，于是在串联的屋顶上创造出一个临时广场。建筑物会通过质变"伸出手来"做出从一个空间过渡到另一个空间的行为。

　　这种技术在目前还不存在，但是，这并不意味着我们不能去着手探索这种受自然界和人类身体启发的最具延展性和质变结构的形式。

　　这种模式代表着舞者的动作到建筑形式的转化，它可以告诉人们这些结构质变是如何参与到现有的静态结构和运动中的，舞蹈本身将带人们进入一个超时空领域。

　　小组成员：汤姆斯

　　建筑是否存在"变质"的可能？建筑空间关系是否存在"变质"的可能？小组通过精细的制作、连接和搭建，旨在通过"变质"实现建筑及建筑空间的相互作用与联系。作品尝试将舞蹈运用于建筑设计中，并使之发生关联。人体的结构和动作对建筑形式的转化具有重要的参考意义。

　　作者运用简单的材料，通过精细的制作，使建筑与舞蹈两者发生关联。通过对舞者动作的剖析，给建筑形式和结构带来转化、扭动，强调建筑结构的质变。

　　这是一次充满趣味和意义的创作过程。小组通过对舞者动作的剖析，使建筑发生转化和扭动，建立弹性空间。通过单体建筑结构的延伸，使整体空间构成发生改变，创作时将之称为建筑结构的"质变"。

不要惊慌　Don't Panic

　　电子技术是为提高和支持人类的生活而设计的，而这些技术已经突破了单纯服务人类生活的作用，成了一种人工创造的生命线，人是否不能没有它们呢？

　　移动电话、ipad、笔记本电脑及互联网等，人们对于类似这种电子科技产品的使用已经从得到便利转变为现在过度使用、依赖、迷恋和成瘾的状态。

　　不要抑制连接，对此也不要紧张。想想如果你离开电子技术会发生什么，没有搜索引擎、社交网络平台，或短信，你又能生存多久？

　　小组成员：乔斯林·史奈顿

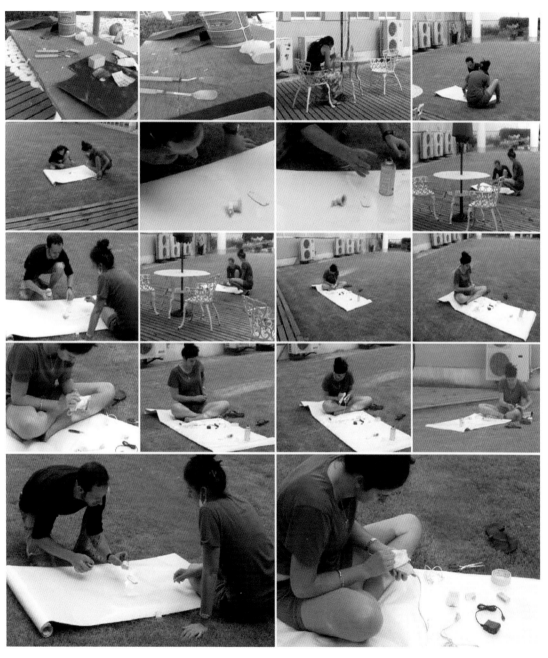

　　现代电子技术是为支持和服务人类生活而设计的，它大大提高了人类生活的便捷度，并加强了人与人之间的联系。但当今人类是否存在过度依赖电子科技的现状？尤其对于年轻群体来讲，对电子产品的诉求甚至变成迷恋和成瘾。试想一旦没有了手机、笔记本电脑、ipad等电子产品，人类的生活是否更加纯粹？

自我待售　　Self for Sale

在人类的历史中，自我否定不是一件新鲜事。

到上海旅行，带上无掩饰的生活必需品。通过自我否定、自我启示，我一路上寻找自己过往的东西。

在上海，我来到了城市中心，在这里，我在公共与私密中捕捉城市空间。模板汉字、电话号码等数字和字符是在这个城市中未注册的非法劳工广告，服务范围从建筑工人和水管工人到乞丐、医生。悉尼和上海之间的这种差距让我吃惊。

通过"出售"，我想采取资本主义的方式，最终结束自己所看到的场景，完全消灭自我。利用贫民窟的经营模式开始了自己的业务——"自我销售"，使自己的所感所想成为可能。

小组成员：亚历山大·普利

　　小组经过对上海城市生活的调研，对城市中相对落后地区的生活产生了兴趣。其中，建筑墙面上未经注册的非法劳工广告为小组的创作提供了重要设计来源。

　　小组试图在上海与悉尼两座城市之间寻找差异和联系。通过对非法劳工广告的深入调查和研究，小组采取同样的方法进行自我否定，并逐步建立在城市中从事不同职业人们之间的联系。

作者通过记录在上海旅行的一段特殊经
历，通过调研和行为艺术的方式，表达城市
公共空间与私人空间的关系。

作品最终展览用场景结合照片的形式讲述在上海的一段特殊经历。小组用行为艺
术的方式，通过自我否定以及自我对过往事物的影响，观察外界对自己的反应和认可。

重逢　　　（Re）thread

　　我来到上海是极其个人的行为。这不但是因为我要探索自己的先祖曾经探索过的一座城市，而且还因为自己也想追溯他们的路途、经验和痛苦。在"二战"大屠杀期间，许多犹太人逃出了欧洲，发现了上海，这里没有签证的限制，也没有反犹太主义的思想，在这里他们得到了慰藉。1930年，我的祖父移居到了这座城市，当时居住的地方成了现在被称为上海犹太人区域的一部分。

　　在来上海的路途中，我脑海里已经对这所城市有了初步的想法。想法中融合了一个故事、一张图片、一个梦想和多年来别人告诉我的关于这个城市的历史和信息。但是当我来到这里，我遇到了与之前想象中完全不同的状态，即从"老上海"中脱节。

　　重逢是讲一段人生经历。"花园大桥"（现称为外摆渡大桥），这是我祖父曾经多次走过的地方，连接虹口（犹太人贫民区）到市区内其他地方。我选择这条路径也是为了和他的经历联系在一起。

　　这种装置是对一段旅程的反映、一个经常反复的行动，试着打结、试着联系我对这座城市的感情及对人生的美好回忆。每个结使我更靠近自己的过去，同样我也献身于一段艰难的、美好的、奋斗的和喜悦的时光。上海为我的祖父母带去在一起相依相伴的人生财富。

　　小组成员：索菲•瓦朗斯基

　　小组以一段家族与城市的故事为背景进行创作。对祖父母在上海居住的特殊时期进行追溯，采用编织与组合的方式建立城市空间关系。在制作过程中，小组对上海曾经的犹太区进行调查，使创作更具现实意义。

对上海城市的了解和印象出于上海与祖父母的渊源，利用编织、打结的方式讲述祖父母在上海居住时代的回忆，并抒发对这座城市特殊的情感。

　　作品通过对作者亲人在上海居住时代的回忆，表达对这座城市的特殊情感。展示中，一双白色的鞋垫似乎把人们带到了那个特殊的时代，使人们体会到历史的沉重和岁月的沧桑。

镜面反射　　Mirror Reflected

小组成员：李唯、李子龙、娜奥米、里奥

运用镜面原理表达城市中不同方式的映射现象与人们丰富的心理活动。

　　小组试图运用镜面反射的原理分别制作概念模型和实物，旨在通过反射现象，从侧面表现和分析当今城市人们丰富的心理活动。作品具有一定的诙谐意味，引起人们的注意和不安。

课程的评定主要由课上表现、讨论、作品制作等几部分构成，有着明确的分值比例。

评定内容

（1）调研：指前期收集和整理相关作品资料，并通过草图、照片、模型、文字或其他方式加以解释和证明。其中，最为重要的是，学生要在积累大量研究的基础上进行创新。

（2）概念：设计过程中，概念是一种视觉上的表达，无论是二维或是三维的形式。这个概念是设计过程中不可或缺的部分，是构成方案的基础，可以是一个比喻，一个字，一首歌或一本书等，一个富有创意的概念应显示出一定的创新水平和可行性，并含有社会文化、哲学和伦理方面的考虑。

（3）设计过程：是指学生充分挖掘潜能整合设计的过程，通过空间、造型、材料、功能等方面来表达概念，应表现出一定的设计水平。

（4）设计展现：设计的最终结果应表达清晰完整的概念和设计意图。

评定标准

评估内容	比例分配
评估 1：调研	10%
评估 2：概念	20%
评估 3：设计过程	50%
评估 4：设计展现	20%
总评估	100%

参观与展览   Visiting and Exhibition

    9月24日下午17:00，学生作品展览正式开幕。开幕式中，中澳师生兴奋不已，因为此次展览凝结了大家两周的辛苦工作，是大家坚持努力合作的成果。与此同时，很多业内人士对此次课程及展览进行了愉快的参观与访问，使课程更具探索与发展意义。

    开幕式中，双方师生共同分享课程收获的喜悦。此次展览凝结了双方两周辛苦的工作，是大家共同创作、坚持协作、勇于创新的成果，对今后此类国际合作课程的开展具有重要的指导意义。

Chapter 5

住空间
——住宅室内设计

RESIDENTIAL INTERIOR DESIGN

■ Environmental Art Design Department at Fashion · Art Design Institute of Donghua University invited instructor from Konkuk University of Korea to give lectures on "Residential Interior Design".

■ After the courses, the instructor left students an assignment on using waste containers to design a residential space. The assignment asked students to think about the reasonable volume of the interior space and the possibility of environmental protection. This poses a real challenge for the students.

课程合作日期： 2009年10月19~22日

课程合作名称： 住空间——住宅室内设计

课程授课课时： 24课时

课程合作地点： 逸夫楼622多媒体教室

课程相关活动： （1）2009年东华大学服装·艺术设计学院环境艺术设计系与韩国
建国大学艺术设计学院室内设计系合作公共课程
（2）国际合作课程交流展（逸夫楼一楼展厅）

课程合作单位： （中方）东华大学服装·艺术设计学院环境艺术设计系
（韩方）建国大学艺术设计学院室内设计系

课程合作教师： （中方）冯信群、刘晨澍
（韩方）柳浩昌、安熹荣、金真佑、金文德

课程授课对象： 东华大学服装·艺术设计学院环境艺术设计系三年级本科生
（共72人）

导师

冯信群
东华大学艺术设计学院环境艺术设计系系主任 教授

刘晨澍
东华大学艺术设计学院环境艺术设计系 副教授

安熹荣
韩国建国大学设计学院室内设计系 教授

柳浩昌
韩国建国大学设计学院室内设计系 教授

金真佑
韩国建国大学设计学院室内设计系 教授

金文德
韩国建国大学设计学院室内设计系 教授

概要和内容　　　　　　　　　　Abstract

在不断扩展国际教学合作交流的良好形势下，环境艺术设计系进一步加强深化了同韩国建国大学艺术设计学院室内设计系的课程合作。2009年10月19~22日，韩方教授一行四人再次来到东华大学访问，对环艺系本科生进行"住宅室内设计"课程的交流授课。

课程最后，柳浩昌教授为学生布置了题为"集装箱住宅室内设计"的作业。作业设计中，建筑体量虽不大，但空间设计要求能够体现住宅人情味、空间尺度变化等多项内容。作品要求体量合理、环保立意高，对学生来说很具挑战性。按照要求，学生作品应于本学期内提交给韩方，届时柳浩昌教授将对每位学生的设计作品给出评分。

课程实践　　　　　　　　　　Practice

集中授课　　　　　　　　　　Teaching

"住宅室内设计"作为室内设计专业诸多课程中一个重要环节，是后继相关专业课程的先锋课程。柳浩昌教授在韩国住宅室内设计学科领域有很高的建树。从授课过程来看，通过对韩国住宅室内设计的空间特点与现代设计手法的比较研究，从如何理解人与人居的本质角度，通过大量的图片和生动的语言，柳浩昌教授为学生提供了具有社会现实意义的课程。授课过程中，学生反映强烈、踊跃发言，互动气氛浓厚，达到了预期效果。

　　柳浩昌教授为学生讲解住宅室内空间设计和表现手法。课程中，韩国室内住宅的空间特点引起了中方学生的很大兴趣，通过与现代室内设计手法相比较，柳教授的讲解使学生更加明晰了居住的本质和根源。

乡间小屋

——建筑室内设计

班级：环设0502
姓名：陈欢
学号：050690302
指导老师：刘晨澍

设计说明

　　此次设计的小型建筑室内空间，选址于韩国，所以受韩国国土地域特点的限制，居住空间大都以小户型为主。此方案的面积不超过30m²，但其间的设施和功能一应俱全。

　　此方案的设计为情侣到韩国度假的居所，在浪漫温馨的季节里到异国他乡，住在乡间的小屋中，带来别样的温馨和悠闲。身处韩国，就要体味异国的风情，如吃饭的小桌子、睡觉的榻榻米等，这样才不虚异国之行。

室内局部效果图

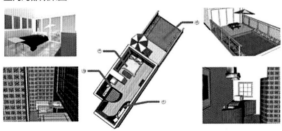

地暖系统

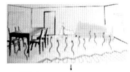

建筑外观图

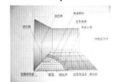

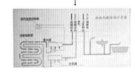

剖面图

　　此方案的设计为情侣到韩国郊游度假的居所。在面积不超过30m²的空间中，要解决人对空间功能的需要和追求，例如饭桌、榻榻米、地热等，达到"麻雀虽小，五脏俱全"的空间使用目的。

住宅室内设计

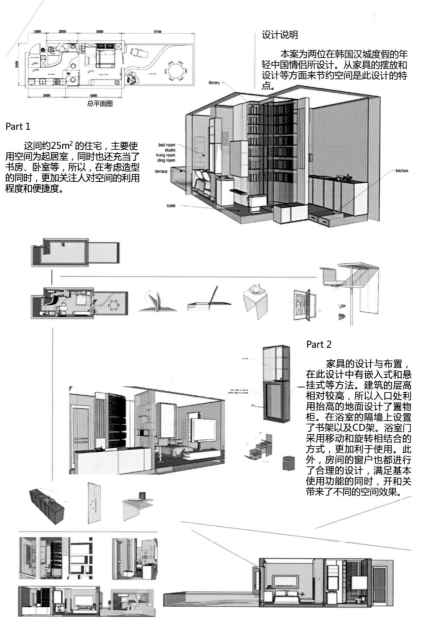

设计说明

　　本案为两位在韩国汉城度假的年轻中国情侣所设计。从家具的摆放和设计等方面来节约空间是此设计的特点。

Part 1

　　这间约25m² 的住宅，主要使用空间为起居室，同时也还充当了书房、卧室等，所以，在考虑造型的同时，更加关注人对空间的利用程度和便捷度。

Part 2

　　家具的设计与布置，在此设计中有嵌入式和悬挂式等方法。建筑的层高相对较高，所以入口处利用抬高的地面设计了置物柜。在浴室的隔墙上设置了书架以及CD架。浴室门采用移动和旋转相结合的方式，更加利于使用。此外，房间的窗户也都进行了合理的设计，满足基本使用功能的同时，开和关带来了不同的空间效果。

　　该作品为在韩国首尔度假的年轻情侣所设计。为了从家具的设计和摆放等方面更好地利用空间，家具的设计分为嵌入式和悬挂式等。由于建筑层高较高，所以入口处利用抬高的地面设计了置物柜，在浴室的隔墙板上放置了书架和CD架。房间的窗户也进行了合理的利用，开和关都带来了不同的效果，功能也得到了各自的发挥。

院系：环境艺术设计系　　班级：0502班　　学号：050690512

姓名：宁宁　　　　　　指导老师：刘晨澍

设计说明

此次作业要求是：中国人到韩国旅行，在规定的范围内尽可能多地容纳使用功能。整个房间只有26㎡，实现功能最大化是设计考虑的重要问题。

设想一对中国夫妻到韩国旅行，在有限的空间内感受到韩国的文化，适应韩国的生活。因此，考虑到空间和文化上的要求，在空间上使用折叠的方法，减少空间的浪费。在文化上，考虑到中韩两国的差异性，使用了可以翻起的床和桌。一是为了减少空间的浪费，同时，如果想体验韩式风情也可以地为床。因为中韩两国相邻，在生活上有着很多类似之处，因此，可以看出两国文化有着一定的相互作用。

韩式温馨小屋
——建筑室内设计

BLUEPRINT OF ROOM

平面图

剖面图

剖面图

立面图及透视图

建筑外观图

室内效果图

如何更好地满足26㎡的住宅使用功能？该设计试想了中国夫妻到韩国旅行时，思考如何在有限的空间内尽可能满足他们对韩国文化和生活的好奇。因此，设计主要基于对空间和文化的考虑，空间上运用折叠的方法，合理利用；通过使用可翻起的床和桌巧妙地平衡了两国文化不同带来的生活方式差异。

SMALL HOUSE
VS
MULTIFUNTIONAL HOUSE

"麻雀虽小，五脏俱全"

设计说明

总平面图

运用简易模块制作而成的分析图

立面图1

蓝色图库属于可活动的模块

立面图2

厨具使用轨道设计前后对比图

这套住宅的室内面积仅为24.5平方米，是为一对中国新婚夫妇在韩国蜜月旅行而设计的临时居所。在如此有限的空间里将各种生活功能合理安排，的确是一件不易的事情。

此套方案顺应当今时代的趋势而设计，人们的居住空间越来越小，像这种在同一空间里同时拥有多种功能的房子，既可作为长期居所，又可作为临时居所的空间越来越受到欢迎。

简易的模块展示了床的翻起使用过程，在轨道中设有省力滑轮，相对较低的高度恰恰符合了韩国人的生活习惯，能够便捷地体验韩式生活。

SIGHT AT NIGHT

在融合了轨道设计之后，家具的一收一放，在有限的空间中拥有了餐厅、客厅、书房、起居室、卫生间等功能空间。

SIGHT AT DAYTIME

KITCHEN AT DAYTIME

AT WASHROOM

经过这次交流学习，我了解到韩国这个相对传统的国家独特的生活方式和居住习惯，同时，也使我掌握了更多的设计思路和手法，受益匪浅。

DUPBOARD IS MOBILE

AT BATHROOM

该设计体现了空间利用的"巧"与"妙"。住宅设计的面积仅为24.5㎡，在如此有限的空间内合理分割和利用各种功能空间。在综合考虑各种空间的同时，设计中运用了"轨道"的原理，桌椅的自由滑动和收放既实现了功能的相互转换，又达到了扩展空间的目的。

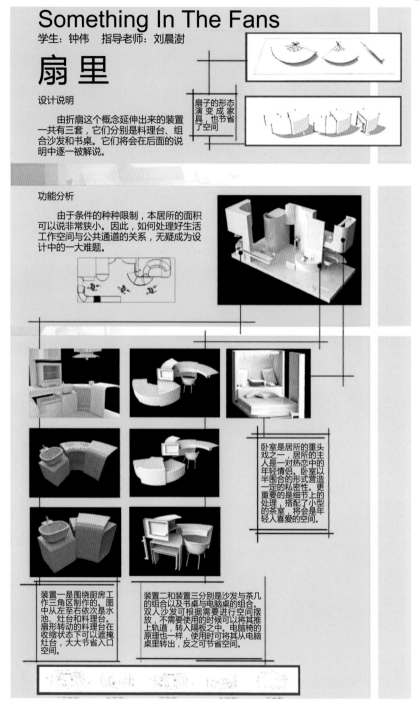

Something In The Fans

学生：钟伟　指导老师：刘晨澍

扇里

设计说明

　　由折扇这个概念延伸出来的装置一共有三套，它们分别是料理台、组合沙发和书桌。它们将会在后面的说明中逐一被解说。

扇子的形态演变成家具，也节省了空间

功能分析

　　由于条件的种种限制，本居所的面积可以说非常狭小。因此，如何处理好生活工作空间与公共通道的关系，无疑成为设计中的一大难题。

卧室是居所的重头戏之一，居所的主人是一对热恋中的年轻情侣。卧室以半围合的形式营造一定的私密性。更重要的是细节上的处理，搭配了小型的茶室，将会是年轻人喜爱的空间。

装置一是围绕厨房工作三角区制作的。图中从左至右依次是水池、灶台和料理台。扇形转动的料理台在收缩状态下可以遮掩灶台，大大节省入口空间。

装置二和装置三分别是沙发与茶几的组合以及书桌与电脑桌的组合。双人沙发可根据需要进行空间摆放，不需要使用的时候可以将其推上轨道，转入隔板之中。电脑椅的原理也一样，使用时可将其从电脑桌里转出，反之可节省空间。

　　折扇作为中国的传统元素之一，有其特有的使用与观赏价值。"扇开，可予人清凉；扇收，可悬于腰间。"折扇在"开与收"之间，时而张扬，时而内敛。张扬的时候可以显露美感，收敛的时候可以藏而不露。由"开与收"产生的空间概念延伸出了三套装置，分别是料理台、组合沙发和书桌。

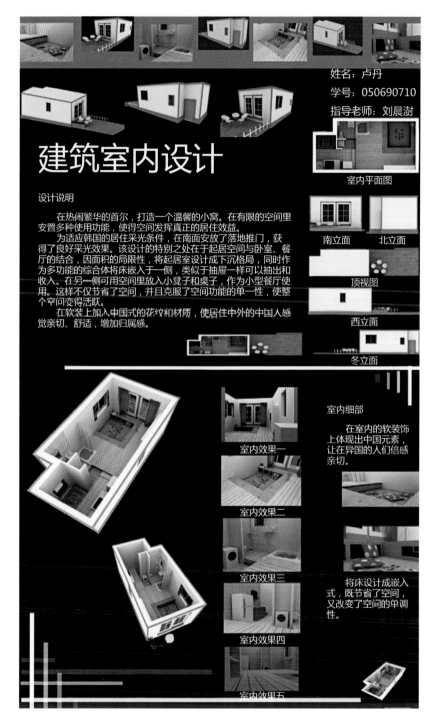

姓名：卢丹

学号：050690710

指导老师：刘晨澍

室内平面图

南立面　北立面

顶视图

西立面

冬立面

建筑室内设计

设计说明

在热闹繁华的首尔，打造一个温馨的小窝。在有限的空间里安置多种使用功能，使得空间发挥真正的居住效益。

为适应韩国的居住采光条件，在南面安放了落地推门，获得了良好采光效果。该设计的特别之处在于起居空间与卧室、餐厅的结合，因面积的局限性，将起居室设计成下沉格局，同时作为多功能的综合体将床嵌入于一侧，类似于抽屉一样可以抽出和收入。在另一侧可用空间里放入小凳子和桌子，作为小型餐厅使用。这样不仅节省了空间，并且克服了空间功能的单一性，使整个空间变得活跃。

在软装上加入中国式的花纹和材质，使居住中外的中国人感觉亲切、舒适，增加归属感。

室内效果一

室内效果二

室内效果三

室内效果四

室内效果五

室内细部

在室内的软装饰上体现出中国元素，让在异国的人们倍感亲切。

将床设计成嵌入式，既节省了空间，又改变了空间的单调性。

该设计试图在繁华的城市首尔打造温馨的小窝。设计的难点在于如何将起居室与卧室、餐厅空间相结合，从而获得良好的采光条件。为适应韩国的采光条件，在南面放置了落地推门。因使用面积的局限性将起居室设计成下沉式格局，同时作为多功能的综合体，将床植入其中一侧，克服了空间功能的单一性。

简宅设计

设计说明

　　根据所给的建筑平面图得知建筑空间较小，考虑其功能的需求，在空间隔断上采用了长方体、正方体等简单的体块实现，从而使空间得到最大限度的使用。室内设计中，为使空间达到更高的使用率，采用了大体块内嵌式设计，比如电视柜内嵌在墙体内，床在人多时可变为具有中国卧榻式的座位等。

建筑外观图

　　为使空间得到最大程度的利用，把室内设计成较为灵活的体块，本身比较狭小的空间，平时布置简单，在人聚较多时可以少做改动即可成为较为丰富的空间。

原平面图

变换后的平面图

电视机嵌入墙面，在墙外有滑轨，拉上的时候可用作梳妆台。而在平时，可用作工作台或写字台。

　　在厨房的工作平台下的空间放置一张简易餐桌，可供两人平时吃饭使用。而当不用作吃饭时，桌椅可嵌入平台下将其隐蔽，实现空间最大化。

剖面图

剖面图

卧室一角

厨房

卧室一角

卫生间

通道和屏风

　　该设计综合考虑居住空间的有限和功能的使用。在空间隔断上采用了简单的体块进行分割，使空间得到最大限度的利用。此外，设计采用大体块内嵌设计，如电视柜内嵌于墙体内，床在人多时可变为类似中国床榻式的座位等。设计将诸多功能空间隐藏，在简单的环境中变化空间的使用功能。

参考文献

[1] [美]戴克斯特拉. 教学设计的国际观•第二册[M]. 任友群，郑太年，译. 北京：教育科学出版社，2007.

[2] [美]波斯纳. 学程设计：教师课程开发指南——当代教育理论译丛[M]. 赵中建，译. 上海：华东师范大学出版社，2003.

[3] 袁熙旸. 中国艺术设计教育发展历程研究[M]. 北京：北京理工大学出版社，2003.

[4] [英]达钦. 打破思维常规[M]. 赞扬，译. 北京：新华出版社，2004.

[5] 于富增，江波，朱小玉. 教育国际交流与合作史[M]. 海南：海南出版社，2006.

[6] [美]戴尔蒙德. 课程与课程体系的设计和评价使用指南[M]. 黄小苹，译. 浙江：浙江大学出版社，2004.

[7] 麦克尼尔. 教学设计理论与模型的国际前沿研究译丛[M]. 徐斌艳，陈家刚，译. 北京：教育科学出版社，2008.

[8] 闫温乐. 上海市高校国际交流与合作的问题及对策研究[D]. 上海：上海师范大学教育科学院，2006.

[9] 杨尊伟. 澳大利亚高等教育国际化探析[D]. 东北：东北师范大学教育管理学院. 2004.

[10] 孙璐. 我国研究型大学国际交流与合作的问题及对策研究——以浙江大学为例[D] 江苏：浙江大学公共管理学院. 2009.

[11] 邓毅芳. 适合高等教育国际化的教学模式研究[D]. 湖南：湖南农业大学教育管理学院. 2006.

[12] 黄鹦. 构建面向未来的设计教育课程体系——从项目课程案例中得到的启示[D]. 北京：中央美术学院经过设计系. 2004.

[13] 夏燕靖. 对我国高等艺术设计本科专业课程结构的探讨[D]. 南京：南京艺术学院艺术设计学院. 2006.

[14] 赵晓. 高等教师教学评价理论与实践的研究[D]. 武汉：华中师范大学教育学院. 2007.

[15] 丁国瑞. 综合性大学艺术设计教育的理念创新与实践[J]. 宁波大学学报，2008，30(4)：106-109.

[16] 孙成通. 国际创新课程教学模式的研讨[J]. 临沂师范学院学报，2009，31(5)：36-39.

[17] 朱力. 重结果更重过程——关于环境艺术设计课程教学的若干思考[J]. 教育理论，2007(4)：145.

[18] 孙湘明，黄芳. 对艺术教育教学体系建构模式的构想[J]. 株洲工学院学报，2004，18(6)：100-102.

[19] 孟祥林. 英国日本教学过程比较与我国的发展策略研究[J]. 湖南师范大学教育科学学报, 2006, 5(1)：90-94.

[20] 陈建成, 李勇, 张敬, 彭卫红. 发达国家研究型大学创新人才培养模式的特征与启示[J]. 科技与管理, 2009, 1(1)：130-133.

[21] 何克抗. 建构主义的教学模式、教学方法与教学设计[J]. 北京师范大学学报, 1997(5)：74-81.

[22] 柳海宁, 王蓓. 关于靖国建筑学专业教学体系的思考[J]. 浙江万里学院学报, 2007, 20(14)：156-158.

[23] 赵胜利. 多元智能理论对中和艺术课程建构的启示[J]. 设计教育, 2006(157)：88-89.

后　记

■　教育国际化已经成为衡量一个国家教育水平的重要标准。它不但促进了各国在教育领域中的多层次教学交流，还使教育资源得到了广泛的共享。在教育国际化的推进过程中，高校发挥着越来越重要的国际交流职能。

■　东华大学服装·艺术设计学院环境艺术设计系开展国际教学合作交流已多年，尤其是2007年以来，在学院不断扩展国际交流活动的良好形势下，环境艺术设计系进行了以"空间设计"为题的多国、多校之间合作课程的有益尝试和实践。就每学期平均1~2次的次数来看，不仅加强了该系与国外艺术设计院系的联系，还大大加强了该系自身的课程建设。为此，环境艺术设计系专门成立国际合作课程小组，通过小组对每次课程的筹备、开课、展览以及总结等环节进行设置和管理，使之逐渐成为一门创新的国际化课程。

■ 本书记录了东华大学服装•艺术设计学院环境艺术设计系在2007~2010年期间，与不同国别的三所院校的五次国际合作课程的过程。记录采取全程跟踪的方式，将课程各个阶段的开展情形真实地呈现在读者眼前。

■ "重结果，更要重过程"。交流学习的所得来自于双方对交流过程的探讨、分析与领悟。课程旨在改变以往艺术设计的教育方式，努力寻求课程创新，在交流合作中不断激发学生的创新思维，最终以分阶段、过程化的结果进行课程评分，不失为现代艺术设计教育的有益尝试。

东华大学服装•艺术设计学院
环境艺术设计系系主任
冯信群 教授

POSTSCRIPT

■ The internationalization of education has already become one of the most important evaluation benchmarks for the level of education in a particular country. It not only facilitates education exchange on different levels, but also promotes the sharing of educational resources. With the development of economic globalization and educational internalization, universities play an increasingly important role in international exchange.

■ Environmental Art Design Department at Fashion · Art Design Institute of Donghua University has carried out international cooperation in teaching for years. Especially since 2007, Environmental Art Design Department organized a series of education cooperation with the theme "Space Design" with many renowned universities around the world. The frequent collaboration not only enhanced the relationship with international design schools and departments, but also optimized the curriculum structure and contents. In order to build a series of innovative and international courses, a team called "International Collaborative Course Team" is set up, which is responsible for the preparation, teaching, exhibition, and summary of the courses.

■ This book is a vivid documentation of the entire process of five international cooperative courses carried out by Environmental Art Design Department at Fashion · Art Design Institute of Donghua University in conjunction with three international universities from different countries during the period from 2007 to 2010.

■ "Result is important; process is even more important." What we get from the cooperation results from exploration, analysis and comprehension of the exchange process. These courses are intended to change the traditional education method and search for innovation. Students are encouraged to think creatively and evaluated on the basis of different phases. It is indeed a good way of modern design education.

Professor Feng Xinqun

Department Head
Environmental Art Design
Fashion · Art Design Institute
Donghua University

内 容 提 要

国际化已成为当前国际教育发展的热点。本书以大量课程实践为参考，探讨了在艺术设计方面高校国际交流与合作日益加强的形势下，空间设计专业国际合作课程教学体系的构建问题。本书针对课程案例进行梳理和分析，总结成功的经验，并剖析存在的问题，提出可行性强的构建体系和相关建议，同时，也为其他相关艺术类课程的开展提供借鉴和启发。

图书在版编目（CIP）数据

创意空间/冯信群，刘晨澍，刘艳伟编著． --北京：中国纺织出版社，2013.1

服装高等教育"十二五"部委级规划教材.本科

ISBN 978-7-5064-9208-9

Ⅰ.①创… Ⅱ.①冯…②刘…③刘… Ⅲ.①室内装饰设计--高等学校--教材 Ⅳ.①TU238

中国版本图书馆CIP数据核字（2012）第230634号

策划编辑：李沁沁 张 程 责任编辑：韩雪飞
责任校对：余静雯 责任印制：何 艳

中国纺织出版社出版发行
地址：北京东直门南大街6号 邮政编码：100027
邮购电话：010—64168110 传真：010—64168231
http://www.c-textilep.com
E-mail: faxingy@yc-textilep.com
北京千鹤印刷有限公司印刷 各地新华书店经销
2013年1月第1版第1次印刷
开本：787×1092 1/16 印张：14
字数：197千字 定价：45.00元